MAPPING THE SPATIAL DISTRIBUTION OF
PLASTIC-MULCHED FARMLAND WITH REMOTE SENSING

覆膜种植农田
空间分布遥感制图

哈斯图亚　陈仲新　著

中国农业出版社
北　京

内 容 简 介

　　本书是作者多年的科学研究和教学工作的成果。本书分 10 章内容，包括绪论、研究区及多源数据介绍、基于高分辨率光学遥感数据的覆膜种植农田遥感识别、基于中分辨率光学遥感数据的覆膜种植农田遥感识别、基于雷达遥感数据的覆膜种植农田遥感识别、基于多源数据相结合的覆膜种植农田遥感识别、基于面向对象影像分析的覆膜种植农田遥感识别、基于面向对象影像分析的不同颜色覆膜种植农田遥感识别、基于面向对象影像分析的农用塑料大棚精细识别、结论与展望等章节。

　　本书可作为土地利用/土地覆盖、农业遥感、农业地理信息、农业资源管理专业教学与科研方面的参考书。

前　言
Foreword

　　覆膜种植技术能够有效改善农田水热条件，促进农作物生长发育，提高作物产量，为我国农业生产和粮食安全保障做出了重大贡献。随着长期大面积推广使用，覆膜种植技术带来了一系列与农业生产密切相关的生态环境问题。为保障农业生产和保护生态环境，推动农业绿色发展，助力智慧农业，准确获取覆膜种植农田时空信息极为重要。为了构建覆膜种植农田遥感识别技术体系，本研究分别以华北地区典型覆膜种植区河北省衡水市冀州市（2016年7月5日经国务院批准改为冀州区）、黄土高原地区典型覆膜种植区宁夏回族自治区固原市原州区、黄河流域典型覆膜种植区内蒙古河套灌区为研究区，采用多种光学遥感数据和雷达遥感数据，充分挖掘覆膜种植农田时空谱多源遥感特征，结合支持向量机、随机森林和决策树等机器学习算法，开展了覆膜种植农田遥感识别研究，具体包括覆膜种植农田遥感识别有效空间尺度及尺度影响、最优时间窗口、多源数据多种最优特征优选，以及基于像元的机器学习算法和面向对象的影像分析技术的优势与潜力分析等内容。

　　本书由国家自然科学基金（42001366、42261066）、内蒙古自治区科技计划项目（2021GG0081）、内蒙古自治区2022年度高等学校青年科技人才发展计划项目（NJYT22047）、内蒙古自治区直属高校基本科研业务费项目（BR220110）等项目共同资助完成。全书浓缩了笔者多年的研究成果，融入了笔者对农业遥感技术研发与应用的认识和体会。本书主要围绕土地利用/土地覆盖范畴内的农业土地管理方式即覆膜种植农田的遥感识别方法为主线，从基于像元尺度的遥感识别和面向对象的遥感识别两个层面，分析挖掘了多源数据、多种特征及多种方法在覆膜种植农田遥感识别中的应用潜力。

限于笔者水平，书中难免存在不足及疏漏，恳请诸位读者提出宝贵意见以便改进。

著 者

2022 年 11 月

目　录
Contents

前言

第一章 绪 论

土地利用/土地覆盖变化是全球环境变化的重要组成部分和气候变化的主要原因之一（刘纪远等，2014）。全面准确掌握土地利用/土地覆盖空间分布及其变化是预测生态环境变化的重要基础，对于科学调控人类土地利用行为及其环境效应评估意义重大。

随着世界人口的不断增加，粮食安全问题日益凸显。覆膜种植方式因其具有提高粮食产量和品质、扩大适种区域、延长农产品的供应季节等优点，在水热欠协调地区被广泛采用（严昌荣等，2014，2015），已成为一种季节性变化频繁的土地利用/土地覆盖类型，也是一种农业土地管理方式。覆膜种植技术具有调节农田土壤光、热、水、气、微生物、有机质等条件，以及保温、保墒、保肥、保药、灭草等功能，也能保护农作物免受低温冷害、高温干旱及病虫害等，进而促进作物生长发育和提高作物产量，是干旱半干旱地区、低温缺水地区、气温降水变化幅度较大地区的有效耕作措施之一。覆膜种植技术是从20世纪中叶发展起来的广泛应用于农业生产的农艺技术（白丽婷等，2010）。早在1951年，日本开始应用覆膜种植技术。美国（20世纪50年代初）、意大利（1965年）、法国（1975年）、英国、苏联、以色列、澳大利亚等国家随后也开展了试验研究和示范应用。目前，世界大多数国家在农业生产中基本都在使用覆膜种植方式，其中我国覆膜种植最为广泛，并且覆膜种植历史较长，已有40余载。

我国于1978年从日本引进了覆膜种植技术，之后得到了迅速推广使用，目前该项技术已经广泛应用到多种经济作物和粮食作物的生产中。覆膜种植改变了我国农业生产方式，显著提高了农业生产力，为粮食安全保障做出了重大贡献。但不同作物的覆膜方式、覆膜季节、覆膜年限（5~40年）及增产效益均存在明显的区域差异，总体上，使粮食作物增产20%~35%，使经济作物增产20%~60%（Liu et al.，2014）。地膜使用量从1982年的0.6万t增加到1991年的31.9万t，2011年已增加到124.5万t。覆膜种植面积从1981年的15万 hm^2 增加到1991年的490.9万 hm^2、2001年的1 096万 hm^2、2011年的1 979.1万 hm^2（严昌荣等，2014），2013年已经达到2 500万 hm^2（严昌荣等，

2015)。目前覆膜种植农田已形成了重要的农田景观和农业土地管理方式。但是，覆膜类型、覆膜季节及覆膜时长均存在着明显的区域差异。过去大部分地区以白色地膜覆盖为主，近年来由于黑色地膜的显著增产效果，黑色地膜的使用也逐渐趋于普遍。

覆膜种植技术虽然在农业集约化、机械化生产中扮演着重要角色，而且提高了土地资源和水资源等自然资源的利用效率、提高了农业生产能力，但是长期大面积覆膜种植，地膜的易破碎、难降解、难回收性，以及后期回收处理的缺失造成了严重的残膜污染和微塑料污染问题。残膜和微塑料不仅破坏土壤结构，阻碍水分、养分的运输迁移和正常吸收，限制作物根系生长，甚至导致作物减产、田间"白色污染"及危害人畜健康等一系列生态环境和社会经济问题（李仙岳等，2018；刘金军等，2009；严昌荣等，2006；张东兴，1998）。地膜残留的负面影响波及农业生产、土壤健康及生态安全等众多重要领域（Huang et al.，2020）。因此，及时全面监管农业残膜极为重要。农田残膜污染的准确检测有助于及时掌握污染情况，以及进行农业生产指导。针对残膜污染问题，国家提出了到2020年基本实现地膜覆盖面积零增长的政策。

除此之外，由于地膜的气密性、不透水性等特殊性质，覆膜种植会改变陆面与大气之间的物质能量平衡与循环（图1.1），从而对区域甚至全球气候、农业生产、生态环境等造成影响。其一，覆膜种植会改变地表反照率和粗糙度，白色地膜覆盖会增加地面反射率，使更多的反射辐射进入大气（Yang et al.，2017），黑色地膜则相反。地膜覆盖还会拦截一部分地面长波辐射，削弱进入大气的土壤长波发射能，从而提高土壤温度。其二，地膜覆盖会影响土壤与外界的水分交换，抑制蒸发，从而促进深层土壤水在上层聚积，提高土壤湿度。此外，地膜覆盖也会促进作物生长及微生物活动，加快碳氮循环，从而导致土壤 CO_2、CH_4 和 N_2O 排放增加（龙攀等，2010）。近年来，覆膜种植农田备受

白色地膜

黑色地膜

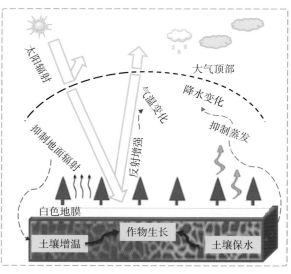

图 1.1　地膜覆盖对土壤-植物-水-大气系统的影响

各界学者们的关注，学者们从不同角度开展了覆膜种植技术的积极作用与负面影响研究。然而，这些研究绝大多数在试验田的尺度上进行，不能很好地代表其空间尺度效应。因此，准确获取覆膜种植农田空间分布及其覆盖面积是找出覆膜种植技术生产效益和环境效应之间平衡点的关键所在，也是防治残膜污染和实现生态优先、农业绿色发展的重要依据。

为了对覆膜种植技术的使用进行科学规划和管理、更好地发挥覆膜种植技术的积极作用、减轻其负面影响及找出解决问题的有效途径，准确获取覆膜种植农田空间分布格局、覆盖面积、时空变化特征对农业物资管理和相关研究方面具有重要的理论和实践意义，也是发展优质、可持续绿色农业及保护农业生态环境的重要需要。然而，统计上报数据缺乏时空信息，还会受人为主观认知的影响；野外调查方法耗费大量的人力、物力、财力和时间，且难于实现大规模数据的同步获取，难以保障数据的客观性和实时性。因此，目前我国覆膜种植农田空间分布、覆盖面积尚未充分掌握，与实际情况存在着较大的误差，不能满足管理部门、应用部门和研究部门的需求。

遥感技术为弥补和解决上述缺陷与问题提供了有效可行的技术支持，在获取覆膜种植农田空间分布特征和覆盖面积信息提取中发挥重要作用。遥感技术能够获取时空连续信息（Gao，2006；Moreau et al.，2003；Nordberg et al.，2003）。多年来，遥感技术在很多特定地物的识别与监测中发挥着重要作用，包括水体、不透水层、建筑物、冰雪覆盖（Cortés et al.，2014；Kostadinov et al.，2015）、特殊植被类型（狼毒）、农作物类型（Liu et al.，2014）、过火区（Boschetti et al.，2015；Oliva et al.，2015）和塑料/玻璃大棚等。常用的方法主要为遥感影像分类方法及针对特定地物信息提取而发展的阈值方法。具体方法包括传统的监督/非监督分类、面向对象分类（Liu et al.，2015；Sugg et al.，2014）、机器学习算法（Deng et al.，2013；Dragozi et al.，2014；Ko et al.，2015；Sun et al.，2011）和基于指数的方法（Jiang et al.，2012；Shao et al.，2014；Yu et al.，2014；Zhou et al.，2014）。遥感技术在农业方面的应用包括作物种植格局与面积的监测、农业土地利用/土地覆盖变化检测、农业土地管理、农业工程规划等。这些研究能够为覆膜种植农田遥感识别提供丰富的理论和技术方法基础。

覆膜种植农田遥感识别研究起步较晚，尚未形成完善的技术方法体系。为了构建覆膜种植农田遥感识别技术方法体系和理论框架，本研究以华北地区典型覆膜种植区——河北省衡水市冀州市、黄土高原典型覆膜种植区——宁夏回族自治区固原市原州区、黄河流域典型覆膜种植区——内蒙古自治区河套灌区为研究区，以 Pléiades 卫星数据、GF-1 卫星数据、Sentinel-2 卫星数据、Landsat-8 卫星数据、Radarsat-2 卫星数据等多种光学和雷达遥感数据为主要数据源，综合考虑作物类型、间作套作模式、插花种植及林草零星分布等土地利用/土地覆盖现状，以棉花、玉米、葵花、番茄等主要覆膜种植作物为研究对象，分别在像元尺度上和对象尺度上，挖掘覆膜种植农田时间-空间-光谱多源遥感特征，结合局部方差法、支持向量机和随机森林等机器学习算法，开展了覆膜种植农田遥感识别研究，具体内容包括覆膜种植农田遥感识别有效空间尺度及尺度影响、最优时间窗口选取、多源数据多种特征最优组合构建，以及基于像元的机器学习算法和面向对象的影像分析技术的优势与潜力分析等，力求发展适用于不同种植环境下的普适性较好的技术方法，旨在解决如何获取覆膜种植农田信息遥感识别最佳时空尺度、最优特征组合、最有效方法等科学问题。研究结果将为残膜监管、覆膜种植措施的生产效益及生态功能的权衡与协同提升提供科学依据和技术支撑。同时，有助于丰富土地利用/土地覆盖变化领域及遥感信息挖掘领域的理论与方法，也对精准农业发展、农业环境污染防治与保护，以及实现生态优先、绿色发展战略目标等方面都具有重要意义。

第二节　国内外研究进展

覆膜种植技术在农业生产和粮食安全保障方面做出重大贡献的同时也带来严重的生态环境问题，其负面影响涉及土壤、植物、大气、陆地生态环境等多方面，且日趋严峻。如何权衡覆膜种植技术的正面作用和负面影响是亟须解决的重要科学问题。因此，近年来学者们开展了大量研究。为了客观全面掌握国内外有关覆膜种植技术的研究现状，明确研究重点和前沿热点问题，并为地膜制造、生产、使用、回收全过程的科学规划与管理提供参考依据，利用文献计量法，借助中国知网（CNKI）和科学引文数据库（Web of Science），收集了 1995—2015 年有关覆膜种植农田的中文和英文文献，分析了近 20 年国内外关于覆膜种植技术方面的研究进展。

文献计量法是一种对已发表学术论文进行量化分析的方法，属情报学分支学科之一，现在广泛应用于各领域科学研究论文的统计分析。该方法可以从学术论文的发表年份、作者、国别、机构、发文期刊、研究内容、发文量、引用率等进行统计分析；有助于掌握某一研究领域的最新动态、存在问题及发展态势。文献计量法的应用越来越广，涉及地球科学（肖仙桃等，2005）、遥感学科（冯筠等，2005）、生态学（李庭波等，2007；王雪梅等，2007；田亚平等，2012）、全球变化研究（张志强等，2007）、气象气候（魏一鸣等，2013）、湿地研究（盛春蕾等，2012）、地震研究（张树良等，2012）、科学基金评审（吴国政等，2009）、农作物（邬亚文等，2011；李晓等，2009）、农田土壤碳源/汇（金琳等，2008）、稻田甲烷排放及其影响因素（魏海苹等，2012）、农业面源污染研究（李云霞，2008；高懋芳等，2014）等多个学科专业。

本研究利用文献计量法对有关覆膜种植农田国内外研究现状及研究趋势进行了分析与总结。利用文献计量法对 1995—2015 年普通塑料覆膜种植技术相关研究现状和趋势进行统计分析。文献数据主要包括英文文献和中文文献两部分，英文文献来源于 Web of Science，中文文献来源于 CNKI，检索周期为 1995—2015 年，检索日期为 2015 年 11 月 2 日，分别对覆膜种植技术的正面作用、负面影响、正负面影响综合评价及遥感监测等进行分析。由于英文文献中覆膜种植农田的表达方式有所不同，因此利用不同关键字进行检索。

覆膜种植的增产效益研究英文文献检索方式为①Title＝Plastic Mulch and Topic＝

Crop，或②Title＝Plastic Film and Topic＝Crop，或③Title＝Plastic Cover and Topic＝Crop；中文文献检索方式为篇名＝地膜且主题＝作物。

覆膜种植的环境效应研究英文文献检索方式为①Title＝Plastic Mulch and Topic＝Environment，或②Title＝Plastic Film and Topic＝Environment，或③Title＝Plastic Cover and Topic＝Environment；中文文献检索方式为篇名＝地膜且主题＝环境。

覆膜种植技术正负面影响综合研究英文文献检索方式为①Title＝Plastic Mulch and Topic＝Crop and Topic＝Environment，或②Title＝Plastic Film and Topic＝Crop and Topic＝Environment，或③Title＝Plastic Cover and Topic＝Crop and Topic＝Environment；中文文献检索方式为篇名＝地膜且主题＝作物且主题＝环境。

覆膜种植农田遥感监测英文文献检索方式为①Title＝Plastic Mulch and Topic＝Remote Sensing，或②Title＝Plastic Film and Topic＝Remote Sensing，或③Title＝Plastic Cover and Topic＝Remote Sensing，中文文献检索方式为篇名＝地膜且主题＝遥感。

对已检索题录中的重复记录、与该研究无关的报道及其他类型的地膜（纸地膜、麻地膜、可降解地膜、液态地膜和大棚）进行剔除处理，最后分为覆膜种植技术的正面作用研究、负面影响研究、正负面影响综合评价及遥感监测 4 个方面的研究进展，对应的发表论文数量如表 1.1 所示，使用 NoteExpress 进行统计分析。

表 1.1　检索论文数量（篇）

文献信息	正面作用研究		负面影响研究		综合评价		遥感监测	
语种	英文	中文	英文	中文	英文	中文	英文	中文
数量	669	492	30	261	2	4	4	2

目前，国内外覆膜种植农田研究主要侧重两个方面：其一，覆膜种植对农作物增产效益研究，主要包括地膜覆盖对作物生长环境的调节作用、对作物生长发育过程的促进作用及增产增收等方面；其二，覆膜种植的环境效应研究，主要包括覆膜种植对 CO_2、CH_4、N_2O 等温室气体排放的影响（大气环境），以及地膜残留对作物生长、土壤结构、土壤水分和养分运输的影响（土壤环境）、残留地膜回收治理措施等（后端管理）。然而，对覆膜种植技术的综合效益研究、覆膜种植农田时空分布格局及演变规律等的研究相对较少。

一、覆膜种植技术积极作用研究进展

由图 1.2 和图 1.3 可以看出，1995—2015 年覆膜种植技术积极作用的研究论文发文量不断增加，但高影响因子论文不多。影响因子在 0～1.0 的论文占 6%、1.0＜～2.0 的论文占 7%、2.0＜～3.0 的论文占 9%、3.0＜～4.0 的论文仅占 4%，其他 74% 为没有影响因子的论文。SCI、SCIE、EI、CSCD、中文核心期刊和中国科技核心期刊论文占比分别为 8.71%、14.21%、3.59%、7.17%、6.59% 和 8.32%。

覆膜种植技术积极作用的研究主要通过田间对比试验的方式在不同地膜、不同覆膜方式、不同覆膜时间等条件下开展相关参数的对比分析，主要内容包括土壤温度、湿度、孔

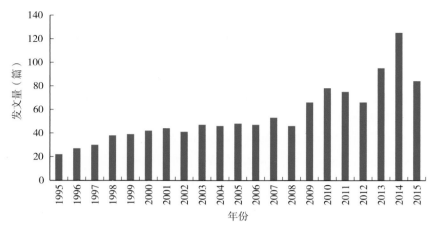

图 1.2　1995—2015 年覆膜种植技术积极作用的研究论文发文量变化趋势

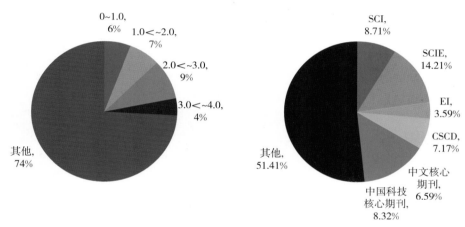

图 1.3　1995—2015 年覆膜种植技术积极作用的研究论文影响因子和收录期刊比例
（左为影响因子、右为收录期刊）

隙度、容重、养分、有机质、酶活性、微生物等，以及作物出苗率、成苗率、株高、叶面积、叶绿素含量、水分利用率、光合作用率、产量、品质等。覆膜种植技术的作用因不同地区、不同地膜、不同作物、不同覆膜方式而有所不同。

　　与未覆膜相比，覆膜种植能够改善农田土壤水、肥、气、热、光等生境条件，显著提高农田土壤墒情，促进作物生长发育，避免后期病虫害和干热风害等，大幅提高作物产量，是干旱半干旱地区、低温缺水地区、气温降水变化幅度较大地区的关键栽培技术之一（He et al.，2013）。覆膜种植平均提高土壤耕层温度 3～5℃，提高耕层土壤含水量 1%～4%（夏自强等，1997；王琪等，2006），但也会受到天气的影响。覆膜能够减少表层土壤蒸发量，从而显著提高土壤水分利用率（左余宝等，2010；Xie et al.，2005），其保水和增产效益在干旱年份明显高于降水年份（王琪等，2006；Diaz - Hernandez et al.，2012）。对于作物生长指标来讲，覆膜种植能够提高作物叶片叶绿素含量、叶面积、光合作用率，促进发芽、提高作物氮吸收率、提高干物质积累和产量（王罕博等，2012；Hou et al.，2015；Liu et al.，2015）。覆膜种植使土壤水热环境发生变化，进而改变土壤微生物及土壤养分状况，提高土壤 N、P、K、Zn 和 Mn 等的养分有效性（Zhu et al.，2013；Li et al.，2015；Zhang et al.，2012）。覆膜种植也是一种提高干旱地区土壤固碳能力的重要措施。研究表明，覆膜种植能够提高土壤有机碳含量和无机碳含量（Li et al.，2015），土壤矿质氮随着覆膜时间的持续而增加（Zhang et al.，2012）。覆膜种植也是土壤盐碱化严重地区重要的压盐措施（付恒阳等，2013；王雅琴等，2010），覆膜种植条件下土壤含盐量下降 30.8%～57.0%（王雅琴等，2010）。除此之外，覆膜种植还具有防止水土流失、减轻氮淋失、降低杂草和防止病虫害等作用（陈明周等，2008；黄顶成等，2010；Zhang et al.，2012；Gevrek et al.，2009）。

地膜的类型和性质对其增产效益具有一定影响，其中颜色的影响最为明显。相比于白色和黑色地膜，透明地膜的增温效果更加明显，而白色地膜的地表热积累量显著高于黑色地膜。这主要与不同颜色地膜对不同波段的透射与反射能力有关（周盛茂，2013）。白色和黑色地膜的保水效果相差不大，但增温效果有所不同，透明或浅色地膜的增温效果最佳。与白色地膜相比，黑色地膜能够有效降低 0～15cm 土壤白天的温度 0.8℃，且具有除草效果（路海东等，2016；Diaz-Perez et al.，2010；Kitis et al.，2008；Ogwulumba et al.，2011）。普通塑料地膜的保温效果好于生物降解地膜。与普通塑料地膜相比，生物降解地膜的增温效果低 2～3℃，保水能力降低，产量（棉花）也有所降低（Harender，2014；Zhao et al.，2011）。此外，覆膜种植技术的积极作用也受地膜覆盖方式的影响，全膜双垄沟顶凌覆膜、全膜双垄沟播前覆膜、全膜平铺、顶凌覆膜方式分别增产 31.3%、9.2%、17.6% 和 27.4%，其中全膜覆盖方式综合表现优于其他覆膜方式（孙学保等，2009；Gao et al.，2014；Qin et al.，2014；Xie et al.，2015；Yu et al.，2015；Zhao et al.，2014；Chen et al.，2015；Guo et al.，2012）。但也有研究表明降水年份全膜双垄沟播效果最佳，干旱年份半膜双垄沟播效果最佳（Li et al.，2010）。对于覆膜时间来讲，秋季覆膜效果好于早春覆膜，早春覆膜效果好于播前覆膜（胡志桥等，2014；Liu et al.，2009）。从以上分析可知，覆膜种植技术具有显著的增产效果，其增产效果因地膜类型、覆膜方式和区域分异而有所不同。

二、覆膜种植技术环境效应研究进展

虽然覆膜种植技术显著提高了土地资源和水资源等自然资源的利用效率，带动了我国农业生产、提高了农业生产力，但由于地膜的易破碎性、难降解和难回收性，随着地膜使用量、覆盖面积、覆膜年限的逐渐增加，覆膜种植对生态环境造成了严重负面影响。众多研究证明连续多年累积的地膜残留不但给田间操作带来不便，而且也破坏耕层土壤结构，使土壤理化性质变劣，影响水分和养分输送，妨碍种子发芽生长，从而造成作物根系生长发育不良，最终导致作物减产等负面影响。这对农业可持续发展和生态环境保护构成了很大压力。目前，地膜残留的影响研究主要包括地膜残留在土壤中的分布形态特征、对土壤理化性质的影响、对作物生长发育及产量的影响、"白色污染"及地膜残留防治措施等内容。

由图 1.4 和图 1.5 可以看出，1995—2015 年覆膜种植技术负面影响的研究论文发文量也在不断增加，但高影响因子论文仍不多。影响因子在 0～1.0 的论文占 10%、1.0＜～2.0 的论文占 7%、2.0＜～3.0 的论文占 10%、3.0＜～4.0 的论文占 13%，其他 60% 为没有影响因子的论文。SCI、SCIE、EI、CSCD、中文核心期刊和中国科技核心期刊分别占 2%、3%、2%、8%、9% 和 11%。主要研究内容包括覆膜种植对土壤温度和湿度、土壤微生物、土壤肥力、作物长势、生物量和产量等方面，论文绝大部分发表于 2000 年以后。

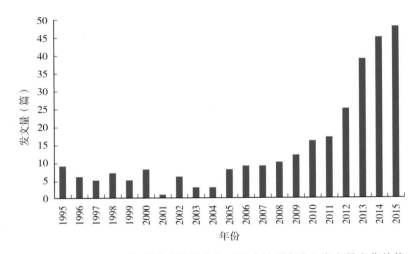

图 1.4   1995—2015 年覆膜种植技术负面影响的研究论文发文量变化趋势

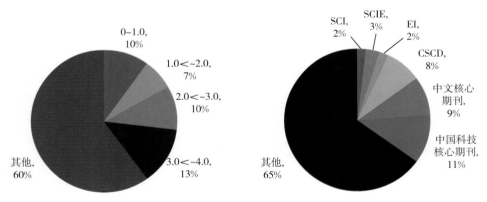

图 1.5   1995—2015 年覆膜种植负面影响研究论文影响因子和收录期刊比例
（左为影响因子、右为收录期刊）

地膜残留量主要受地膜厚度、覆膜年限和利用方式的影响。残膜碎片面积越大，田间残留量越小。残膜主要集中在 0～20cm 土层中，占 0～30cm 土层残膜量的 90% 左右，占总残留量的 82.4%～87.4%；而在 20～30cm 土层中残膜量很少，占 12.6%～17.6%

（蔡金洲等，2013；康平德等，2013；王序俭等，2013）。残膜含量与覆膜年限呈正相关关系，覆膜年限越长，残留量越多；地膜越薄，残留系数越大；随着覆膜年限的增加，单位面积片数和重量呈线性递增趋势（何为媛等，2013；牟燕等，2014；董合干等，2013a；马辉等，2008；马彦等，2015）。随着土壤中地膜残留量的增加，土壤有机质含量、氮磷钾含量、抗蚀指数、土壤微生物量、含水量、水分下渗速度、饱和导水率、出苗率和产量均呈下降趋势（王志超等，2015；尉海东等，2008；辛静静等，2014；阿布都沙拉木，2015）。而在欧美、日本等国家地膜一般用于蔬菜、水果的种植，很少用于大田作物，且覆膜时间较短，地膜较厚（一般为 0.015mm），易于回收，地膜残留污染较轻。我国地膜很薄（一般为 0.006～0.008mm），覆膜时间长，不易回收，所以地膜残留问题非常严重。完善地膜生产标准和加强监管，增加地膜厚度，提高回收率，使用降解地膜和液态地膜是解决地膜残留问题的有效途径。但是降解地膜和液态地膜的时间效应很难与作物需求相匹配，而且降解产物对土壤及大气环境的影响尚未确定。因此，增加地膜厚度和完善地膜回收技术是防治地膜残留污染较理想且可行的措施。

除此之外，覆膜种植会改变地-气间的物质能量循环，从而对局地、区域、全球气候和生态环境产生影响。目前，国外对覆膜种植农田 CO_2、CH_4、N_2O 排放量的研究较多，而国内较少。覆膜条件下，N_2O 能够逐渐渗透地膜，渗透率会随着周围环境温度增加而呈指数增长，并且夏天高于冬天（Nishimura et al.，2012，2014；Zheng et al.，2011）。覆膜增温保墒作用及对土壤与大气间气体传输的自然阻隔作用，使土壤 CO_2 浓度升高、CH_4 浓度降低。CO_2 浓度与温度呈显著正相关关系，而 CH_4 浓度与温度呈显著负相关关系（Tao et al.，2012）。研究表明覆膜种植是强碳源（Gong et al.，2015），而且其碳源/汇作用随作物生长季而发生变化（Bai et al.，2015），可能增加温室气体排放量而增加全球变暖潜力（董合干等，2013b；Lourduraj et al.，1997）。但也有研究指出覆膜种植农田是降低温室气体排放量的有效方式。研究表明覆膜种植农田氮淋失较严重、氮肥利用率较低（Berger et al.，2013；Kim et al.，2014；Li et al.，2011）。覆膜种植条件下土壤 N_2O 通量和 CH_4 吸收率低于未覆膜种植，全生育期内 CH_4 对温室效应的贡献远远小于 N_2O。综合考虑两种温室气体时，覆膜种植将会减少温室气体排放量而减轻全球变暖（Li et al.，2014）。

当前研究以田间对比试验为主，缺乏获取覆膜种植农田空间分布信息方面的研究，从而缺乏覆膜种植农田宏观尺度上的影响机制研究。覆膜种植农田的环境效应体现在局地尺度、区域尺度，甚至是全球尺度上，所以基于田间试验的点上研究很难体现尺度特征。因此，覆膜种植技术的正面作用和负面影响应在不同的空间尺度上进行，才更具有科学合理性。获取覆膜种植农田空间分布信息是进一步开展大尺度研究的重要基础。目前的覆膜种植农田遥感识别技术方法研究处于起步阶段，其研究基础较薄弱，需在深入挖掘覆膜种植农田遥感识别限制因素（时-空-谱尺度）的基础上，提出适宜于不同区域尺度甚至全球尺度的覆膜种植农田遥感识别技术方法与理论框架。在此基础上，深入探究覆膜种植农田的环境效应，如覆膜种植对农田系统地表温度、蒸散发、农田碳/氮循环、农作物物候变化、耕作结构变化、农作物产量估算及温室气体排放情况等，为覆膜种植技术科学合理利用提供参考依据。

三、覆膜种植农田遥感识别技术方法研究进展

在生态优先、绿色发展战略背景和农业高质量发展的需求下，农业土地利用类型和管理方式（覆膜、灌溉、轮作）的实时监测、精准管理、精细制图及农业生产活动的社会效益、经济效益和生态环境效应的权衡尤为重要。随着遥感技术的不断发展，以及农业土地利用信息精细制图需求的不断提高，覆膜种植农田遥感识别也受到了较为广泛的关注，并取得了良好进展。但由于覆膜种植农田遥感特征在时间、空间和光谱上的特殊性，适于遥感表征的时间窗口小，加之我国农田地块小、破碎度高等原因，覆膜种植农田的遥感识别仍具有一定难度和挑战性。

在时间尺度上，不同地区不同作物的开始覆膜时间（秋季覆膜、早春覆膜、播前覆膜）和覆膜时间长度不同（作物生长前期覆膜、全生育期覆膜等）。在空间尺度上，覆膜种植农田受不同自然条件和耕作习惯的影响，不同地区覆膜种植农田规模性和规律性很难精确把握。在光谱特征上，覆膜种植农田的光谱特征受地膜的颜色、密度、厚度及膜下土壤和种植作物的影响，其光谱特征具有高度动态性。这些影响因素对覆膜种植农田遥感识别带来了一定的难度和挑战。目前，国内外覆膜种植农田遥感识别研究相对较少、基础较薄弱，虽然覆膜种植农田遥感识别开始得到了重视，但也有很多理论和技术方法问题亟须解决。

陈继伟等（2014）的基于地面高光谱的研究表明：覆膜种植农田在作物生长初期的反照率特征表现为地膜覆盖裸土的特征，在作物茂盛期的反照率表现为植被的特征。在作物生长初期到茂盛期的中间过程中的平均反照率为 0.19～0.26，覆膜种植农田的反照率会随着土壤湿度增大而增大。Levinet 等（2007）通过分析地面高光谱数据发现白色地膜和透明地膜在 1 218nm、1 732nm、2 313nm 处有强吸收区，不受灰尘、冲洗等因素的影响。基于卫星遥感数据的覆膜种植农田遥感识别研究，始于一项基于覆膜期 Landsat-5 卫星数据构建的覆膜种植棉田信息遥感识别决策树阈值算法，分别进行了 1998、2007 和 2011 年新疆地区覆膜种植棉花信息的提取研究，最高提取精度可达 90%（Lu et al.，2014）。但是该方法需要两个重要物候期的数据，由于 Landsat 卫星重访周期较长，再加上覆膜种植农田覆膜期较短，在中国西北地区获取无云数据难度较大。针对此问题，继续开展了基于中分辨率成像光谱仪的归一化植被指数（Moderate Resolution Imaging Spectroradiometer - Normalized Difference Vegetation Index，MODIS-NDVI）数据的覆膜种植信息遥感识别阈值模型研究，最高识别精度达 84% 左右（Lu et al.，2015）。但是，这两种方法均属于基于光谱特征的阈值法，此类方法更适合光谱特征比较稳定的地物进行识别与监测，且阈值分类方法的鲁棒性和普适性均较弱，在不同地区开展相同研究时需要重新确定阈值。另外，覆膜种植农田分布比较破碎、地块小，基于 MODIS 数据的识别存在较为严重的混合像元问题，其识别精度受一定的限制。然而，覆膜种植农田的空间结构特征比较明

显，Hasituya 等（2016）结合利用光谱和纹理特征进行覆膜种植农田识别研究，在一定程度能避免混合光谱问题，还可以通过利用纹理特征来突出覆膜种植农田空间结构特征。此外，王海慧（2007）利用多角度偏振遥感探测农膜的偏振特征信息效果较好。以上研究能够证明在像元尺度上表征覆膜种植农田遥感识别的有效性和可行性。然而，基于像元的识别方法只利用像元内部的信息，不能挖掘与相邻像元之间的拓扑关系和空间相关性等方面的潜在信息。面向对象影像分析（Object Based Image Analysis，OBIA）技术能够充分利用相邻像元之间的空间相关性来构建对象，并以对象为最基本处理单元进行信息提取。OBIA 方法的基本要求是地物空间结构特征在遥感影像上能够体现且能够被捕获，从而深度挖掘高分辨率遥感数据的细节信息。但是，高分辨率遥感卫星近些年才开始快速发展，缺乏长时序历史高分辨率数据。

　　除了覆膜种植农田遥感识别之外，还有一些研究涉及温室大棚、葡萄园的遥感识别研究。塑料大棚遥感识别早于覆膜种植农田遥感识别，在多种数据的试验和技术方法的发展上均优先于覆膜种植农田，能够为覆膜种植农田遥感识别提供参考。塑料大棚的遥感识别研究方法也基本上可以分为基于像元的影像分类和面向对象的影像分类两种。其中，基于像元的方法包括传统监督分类方法（最大似然法）及机器学习算法。多数研究基于高分辨率卫星 Quick - Bird、IKONOS 及 WorldView - 2 卫星数据，利用最大似然、支持向量机和随机森林等方法在像元尺度上进行塑料大棚遥感识别（Agüera et al.，2008，2009；Koc - San，2013）。基于高分辨率数据和面向对象分析技术的塑料大棚遥感识别研究（Aguilar et al.，2014，2015，2016），以及基于中分辨率遥感数据和面向对象分析技术的大棚遥感识别研究也取得了良好进展（Wu et al.，2016；Novelli et al.，2016）。基于光谱指数方法的塑料大棚遥感识别（Yang et al.，2017）研究表明，指数方法能够有效提取省级尺度的大棚信息。由于大棚和覆膜在所用材料性质、利用方式及分布规模上的差异，致使大棚信息提取思路不能简单地被复制于覆膜信息提取。

　　近几年，基于无人机数据和深度学习算法的覆膜种植农田遥感识别研究也取得了一定进展。不同深度学习算法，如全卷积神经网络（孙钰等，2018）、SegNet 深度语义分割方法（冯权泷等，2022）及基于注意力机制的深度学习算法（宁纪锋等，2021）等在覆膜种植农田遥感识别中都能发挥很好的作用。但深度学习算法也依赖于大量的样本数据和特征数据，在一定程度上会影响运算效率。

　　目前，国内外覆膜种植农田遥感识别研究不仅数量少，而且仅用一种遥感数据或一种特征来识别覆膜种植农田；尚未进行多源数据之间、多类特征之间及多种方法之间的结合与融合研究。遥感数据的光谱、纹理、几何形状、时相特征，以及多光谱、高光谱、微波遥感数据在覆膜种植农田遥感识别监测研究上有待进一步探究。

四、遥感影像分类研究进展

　　遥感影像分类是一种应用最广泛的地物时空信息提取的主要方式。遥感影像分类不论在专题制图、在地物类型分类还是在变化检测中都扮演着非常重要的角色。遥感影像分类就是将影像上的每一个像元根据其光谱特征、空间结构特征等信息归为不同地物类型的过程。随着遥感技术和计算机技术的迅速发展，遥感影像不断趋于高时间、高空间和高光谱分辨率成像方向发展，能够提供更丰富的信息。随之，遥感影像处理及分类方法也得到了充分发展。遥感影像分类方法从传统的非监督分类向机器学习、深度学习、人工智能等技术方法发展。在此过程中，对遥感影像潜在信息的挖掘也得到了更广泛的关注，从单一光谱特征到光谱特征和空间特征的结合，甚至到多源数据多种特征的结合与融合使用。然而，遥感影像的分类结果仍然受地物空间格局的复杂性、所用遥感数据类型、影像处理过程及分类对象等多种因素的影响。

1. 遥感影像分类方法

最早的遥感影像分类方法是目视解译方法。根据遥感影像的灰度、色调、纹理特征及解译人员的知识和经验来勾绘出不同地物类型的边界。此类方法需要大量人力投入，也受解译人员知识库的影响，不适合对海量遥感数据进行处理，也不能深度分析遥感影像潜在信息，而基于计算机的分类是遥感影像分类的重要方向。遥感影像分类方法可分为以下几种：第一，根据是否需要先验知识，分为监督分类和非监督分类方法；第二，根据是否需要参数，分为有参数监督分类和非参数监督分类方法；第三，根据基础操作单元，分为基于像元的分类、基于亚像元的分类、基于对象的分类（面向对象分类）及面向地块的分类方法；第四，根据分类器数量，分为单分类器和多分类器集成算法等（杜培军等，2016）。

监督分类与非监督分类方法是最初的基于计算机的分类方法。非监督分类不需要先验知识，而直接对遥感影像像元进行聚类分类。典型的非监督分类方法有 ISODATA 非监督分类和 K-均值非监督分类等。监督分类则需要先验知识，在分类过程中根据先验知识对遥感影像像元进行分类。监督分类也可分为参数监督分类和非参数监督分类，其中参数监督分类的前提假设条件为遥感影像数据要服从正态分布规律。一般通过分析一定数量训练样本求出分类器所需的参数（贾坤等，2011）。经典的参数监督分类方法包括最短距离分类和最大似然分类等（谭莹，2008；张若琳等，2006）。然而，遥感数据很难保持正态分布规律，尤其是地物类型复杂地区的遥感影像很难呈现正态分布特征。此外，参数分类器不利于使用光谱特征以外的辅助特征，而非参数监督分类器则无须正态分布数据（贾坤等，2011），更适合于利用多种辅助信息以便提高分类精度和分类效率，因此非参数分类的应用越来越广泛。在遥感影像分类中常用的非参数监督分类器包括神经网络分类器、遗传算法、决策树和支持向量机等机器学习分类器。由于遥感数据的空间分辨率和地物尺度大小差异等原因，遥感影像分类中存在混合像元、同物异谱、异物同谱等问题。对此，亚像元分类、面向对象分类方法及基于地块的分类等方法逐渐发展起来，也解决了一些问题。大部分分类方法属于基于像元的分类方法，如最大似然分类、决策树分类、神经网络分类等。亚像元分类方法包括模糊均值分类、光谱分解方法等。基于地块的分类方法主要为结合遥感（Remote Sensing，RS）和地理信息系统（Geographic Information System，GIS）技术的分类方法（Lu et al.，2007）。然而，由于遥感影像数据类型、分类地物类型及区域差异，遥感影像分类器性能之间仍存在一定差异。为了取长补短多种分类器的组合集成研究也逐渐得到重视，以下为常用遥感影像非参数监督分类方法的简单介绍。

（1）神经网络分类器

神经网络分类器为一种模拟人脑学习过程的非参数监督分类方法（Shoemaker et al.，2010；张辉，2013；赵静，2010），是最早的机器学习算法。相对于参数分类器，神经网络分类器不需要统计分布特征的假设，因此适合用于任何分布特征的遥感影像分类。神经网络分类器也适合用于多源遥感影像数据的分类。在土地利用/土地覆盖分类及特定地物信息提取中，神经网络分类器的应用都较广泛（蒋捷峰，2011；刘香伟，2009；王崇倡等，2009；赵静，2010）。神经网络分类器也有小波神经网络、径向基神经网络、三维 Hopfiel 神经网络、反向传播神经网络（Back Propagation，BP）等类型。目前，反向传播神经网络应用最广泛。然而，神经网络分类器是以经验风险最小为原则的，样本趋于无穷多时模型得到最优结果，但在现实中无法采集无穷多的样本。神经网络分类器需要大量样本对模型进行反复的训练，运算速度慢、效率低，从而其推广性也受限制（张若琳等，2006）。

（2）决策树分类器

决策树分类是利用树的结构，以分层分类为指导思想、以某种分割阈值为原则将遥感影像的每个像元归类到不同类型的一种基于统计学的非参数监督分类方法（谭莹，2008；张若琳等，2006）。决策树先以训练样本为依据建立判别函数，根据判别函数求得的值构建分支树。然后，在每一个分支树上重复构建下一个分支树，直到所有类型都分类完成（贾坤等，2011）。决策树分类器具有结构清晰、运算速度快、鲁棒性和灵活性好、适合于利用多种特征、分类精度高及分类原理易于被人理解等优点（张晓贺，2013），而且可以实现基于像元的分类和面向对象的分类。为了解决决策树分类中的不同问题，决策树分类方法也发展了几种不同的类型，如 ID3、分类与回归树（Classification and Regression Tree，CART）、C4.5、C5.0 等。决策树分类需要大量的训练样本，而且分割节点阈值的确定中存在很大不确定性，其普适性有待提高。

（3）支持向量机分类器

支持向量机（Support Vector Machines，SVM）是从 20 世纪 90 年代发展起来的一种以统计学小样本概念为理论基础、以结构风险最小化为原理的非参数训练的机器学习监督分类器（李萌，2015）。SVM 的优点在于其结构简单、全局最优、具有较好的适应性能力和泛化能力、鲁棒性强、能解决高维非线性特征、能避免过度学习等问题（郭立萍等，2010；刘颖，2013；Bigdeli et al.，2013；Tuia et al.，2011）。相对于神经网络分类器和决策树分类器，SVM 具有有效处理小样本数据的优势，且 SVM 算法利用不同核函数来解决非线性问题，从而支持向量分类器具有良好的推广能力。SVM 广泛应用于土地利用/土地覆盖分类到特定地物信息提取（如农作物、森林、建筑物、不透水层），以及变化检测研究的应用均较广泛（刘颖，2013）。目前，SVM 算法存在分类和核函数的参数求解问题。

（4）多分类器组合集成

随着遥感影像分类方法的不断发展和遥感影像分类对象的多样化，不同分类器都存在一定错分或漏分现象。但是不同分类器得到的结果中的错分或漏分现象的空间位置并不完全重叠，反之亦然（贾坤等，2011）。这说明使用单一分类器总会丢失掉一些有价值的信息。因此，可以通过在不同分类器之间进行集成，实现不同分类器的优势互补，进而减少错分或漏分现象，从而提高分类精度（夏俊士等，2011b）。目前的多分类器组合方式包括三种形式：串联集成、并联集成和基于训练样本选择的集成，如 Bagging、Boosting 等（刘培等，2014；Du et al.，2012）。串联集成为拿某一个分类器的分类结果作为第二个分类器的输入特征，将第二个分类器的分类结果作为第三个分类器的输入特征，依此类推，最后得到多种分类器集成分类结果。并联集成为将几个不同或相同分类器同时运行，最后将每一个分类器的结果以某种策略进行集成。

随机森林（Random Forest，RF）是于 2001 年提出的基于决策树分类器的串联集成机器学习分类器。RF 是 CART 决策树的 Bagging 组合而成的集成分类器。Bagging 通过独立选取的训练样本训练多个弱分类器，再集成弱分类器，而各个弱分类器之间保持平衡的一种组合集成方式（雷震，2012）。Bagging 可以将性能较好、稳定性较差的分类器趋向于最优的方法。RF 集成机器学习分类器将选择输入特征和训练样本的随机性引入到 CART 决策树构建过程中，以便保证每一个决策树的强度和增加决策树之间的相关度，最后以投票方式选出投票最多的决策树的类型（姚明煌，2014），从而 RF 表现出很多普通机器学习算法不具有的独特优势。由于 RF 是多个决策树的集成算法，它的计算效率更高且适合处理高维数据，对数据噪声和小样本数据并不敏感，鲁棒性和稳定性很好。在样本数量小于特征数量时同样能得到很好的分类结果，而且运行过程的人为干扰少，可以对多种数据进行刻画处理。从而，在众多遥感影像分类（Fan，2013；Ok et al.，2012a；Rodriguez - Galiano et al.，2012a；Tatsumi et al.，2015）、地物信息提取（Akar et al.，2015；Gao et al.，2015）、变化检测、模拟预测（Haider et al.，2015）等领域均得到广泛的应用。

（5）深度学习分类

深度学习算法首次于 2006 年 Hinton 等在《科学》杂志上发表的论文中提到，是一种基于多层神经网络的机器学习算法。深度学习算法通过数据处理、特征提取和选择、进行神经网络前行导向、对神经网络进行调优四个步骤完成（左亚青，2016）。目前深度学习算法在高光谱遥感影像信息提取中应用较多（Li et al.，2017；Wang et al.，2017；Zhou et al.，2017），现已形成机器学习领域的主流算法。

（6）面向对象分类

随着遥感影像空间分辨率的不断提高，影像场景越来越复杂，异物同谱、同物异谱等现象越来越严重。基于像元的分类存在较严重的胡椒效应，影响信息提取精度。为此，以影像图斑为影像处理基本单元即对象，能够将光谱特征、纹理特征、几何特征和拓扑信息综合利用的面向对象的分类方法开始兴起（黄志坚，2014；易俐娜，2011；Blaschke，2010）。相对于基于像元的分类方法，面向对象的分类方法主要通过充分利用相邻像元之间的空间相关性来构建对象，并以对象为最基本处理单元进行信息提取，从而能较好地减轻胡椒效应，提高信息提取精度（Zhang et al.，2013）。面向对象分类广泛应用在土地利用/土地覆盖类型分类（Voltersen et al.，2014）、特定地物信息提取（Jiao et al.，2014）及变化检测中（Qin et al.，2013）。然而，在面向对象分类中的最优尺度的选择仍是一个难题（易俐娜，2011）。

总体上，遥感影像分类技术方法发展快、种类多，但不同情景下哪种分类方法最有效尚未得到充分证明。目前，基于像元的分类方法应用较普遍，然而其分类精度可能受混合像元的影响。基于亚像元的分类方法是为解决混淆像元问题而发展起来的，对于中空间分辨率和低空间分辨率数据的分类具有一定潜力，但大多只能利用光谱信息。面向对象或地块的分类适合于利用光谱信息、空间结构、上下文特征、形状等多种影像特征，该分类方法更适合于高空间分辨率数据。

2. 遥感影像数据及特征

随着遥感技术的迅速发展及遥感数据类型的不断丰富，遥感影像分类可利用的特征信息也越来越丰富。不同遥感影像数据的空间、光谱、时相、极化特征都有着明显的差异和独有的优势，综合利用这些特征将是提高遥感影像分类精度的有效途径。遥感影像分类特征经历了从单一数据单一特征到单一数据多种特征再到多源数据多种特征的发展历程。

目前，用于地物类型分类的遥感影像数据包括高分辨率（杜泳等，2015；Legleiter et al.，2014）、中分辨率（Chao et al.，2014；Li et al.，2013；Zheng et al.，2014；Zhou et al.，2014）、低分辨率遥感影像（Deng et al.，2013；Wardlow et al.，2007；Yang et al.，2012）。高分辨率数据的优势在于能够提供更详细的空间结构特征、减轻混合像元问题、提高分类精度，但其数据量大、费用昂贵、运算时间更长，另外也会导致类内差异的增加。低分辨率数据存在着严重的混合像元问题，其优点在于数据存储量会相对较少，适合开展大区域研究，重放周期一般较短，有利于掌握时相特征。除此之外，数据空间分辨率的选择也取决于分类对象的空间尺度大小。

在光谱分辨率的角度，用于地物类型分类的遥感影像数据包括多光谱（Verpoorter et al.，2012）、高光谱（夏俊士等，2011a）、微波遥感数据（Legleiter et al.，2014；Maass et al.，2015；Paul et al.，2015；Zhao et al.，2014b）、热红外遥感数据（Hulley et al.，2014）及多源数据（Germaine et al.，2011；Guo et al.，2014；Lu et al.，2011；Stroppiana et al.，2015；Xu et al.，2013；Yu et al.，2014；Zhang et al.，2014）。从遥感数据的时间分辨率来讲，包括基于单时相数据、基于多时相数据和时间序列数据（Gao et al.，2012；Knight et al.，2011；Shahtahmassebi et al.，2012；Yang et al.，2012；Zhang et al.，2013）的分类。在土地利用/土地覆盖分类中多光谱数据的应用历史最长。近些年来，高光谱、热红外、主被动微波及结合这些数据的分类也得到了充分的发展。光学遥感数据和微波遥感数据在遥感影像分类中具有独有的优势。光学遥感数据主要反应地物的光谱反射特征及其派生特征，而微波遥感数据反映地物的散射、介电特征及其派生特征。

在遥感影像分类中特征提取和特征选择也是非常关键的环节。随着遥感数据类型的不断丰富，基于单一数据单一特征的分类既不能达到理想的结果，也不能挖掘遥感数据所包含的潜在信息。对此，单一传感器多种特征的组合、多种传感器多种特征的组合及遥感与非遥感数据的结合研究越来越受关注，可分为光学遥感数据时空谱多种特征的组合、不同波段微波遥感数据多种特征的组合、光学遥感数据和微波遥感数据的组合研究等。

由于传感器的性能、成像时间、成像角度等的差异，同一地区同一地物的光谱特征在不同传感器之间存在一定差异。因此，可通过一种传感器数据的光谱特征、空间特征、几何特征、时相特征组合研究及结合多种传感器数据多种特征，发挥各类数据在时空谱上的优势以提高分类精度和效率。例如，多光谱数据多种特征组合研究（王晶，2013），多种高光谱数据特征的结合研究（Zhang et al.，2012），以及 WV‑2、Hyperion、Landsat 等多光谱和高光谱数据的结合研究（张翠芬，2014），等等。除了光学遥感数据以外，主动微波遥感数据、被动微波遥感数据在遥感影像分类中发挥着越来越重要的作用。例如，基于 SAR 极化分解特征的影像分类（程千等，2015；吴婉澜等，2010；Cable et al.，2014），基于 SAR 数据的溢油识别（刘朋，2012）和石漠化遥感监测等（廖娟，2016），基于多时相雷达数据的作物识别（Moran et al.，2012；Wu et al.，2012），等等。在雷达数据中主要应用的特征是后向散射特征、极化分解特征及纹理特征等。光学遥感数据和主动、被动微波遥感数据捕获的信息存在本质上的区别。光学遥感数据主要记录光谱反射特性，微波遥感数据主要记录散射特性，这两种数据在遥感影像分类中都有其优势和劣势，结合这两种数据是提高遥感影像分类精度和效率的有效方式。光学遥感数据特征和微波遥感数据特征的结合研究也相对较多，如 SAR 和光学遥感数据结合的山区积雪识别（贺广均，2015）、Landsat 和 LiDAR 数据结合的栖息地制图（Ackers et al.，2015）、高光谱数据和 LiDAR 数据融合的城市树种分类（Alonzo et al.，2014）、基于 SAR 和光学遥感数据的森林监测（Lehmann et al.，2015）、基于 Landsat 和雷达数据结合的不透水层制图（Lu et al.，2011）、基于多时相光学和雷达数据的作物类型分类（Ok et al.，2012）等多种研究表明，光学遥感数据和微波遥感数据在遥感影像分类中发挥着极其重要的作用。在地物类型分类提取中，除了综合利用不同类型遥感的不同特征以外，非遥感数据的应用也比较常见，如地形地貌数据、土壤类型数据、道路分布数据及统计数据，比如多时相多传感器雷达数据和辅助数据进行草地监测（Barrett et al.，2014）、光学遥感数据和辅助数据结合的分类（Vatsavai et al.，2011）、以 GIS 为辅助的作物面积提取（刘琦，2004）等研究指出辅助数据的应用对分类精度的提高具有一定帮助。总之，在遥感影像分类中使用的数据类型越来越丰富，数据之间和特征之间的结合/融合已成为重要的发展方向。

3. 遥感影像分类对象

遥感影像分类对象从多类分类向特定地物信息提取的方向发展。遥感影像分类发展初期，大部分都针对土地利用/土地覆盖一级类型或者同一个一级类型下的多个亚类的分类，包括林地类型分类（Alonzo et al.，2014；Leinenkugel et al.，2015）、草地类型分类（Barrett et al.，2014）、耕地类型分类（Brown et al.，2013）等。随着遥感应用领域的不断扩大及应用需求的不断增加，特定地物（单一地物）信息提取变得越来越普遍，特定地物包括水体（Jiang et al.，2012；Ko et al.，2015）、不透水层（Sun et al.，2011）、建筑物（Deng et al.，2013；Shao et al.，2014；Sugg et al.，2014；Yu et al.，2014；Zhou et al.，2014）、冰雪（Cortés et al.，2014；Kostadinov et al.，2015）、特殊植被类型、过火区（Dragozi et al.，2014）等。而在农业方面的应用研究包括作物识别（Liu et al.，2014，2015）、种植结构、面积监测及一些农业土地管理方式的检测与识别（设施农业）（Aguilar et al.，2016；Novelli et al.，2016）。近几年，覆膜种植农田遥感识别研究也受到一定程度的关注。

整体上，遥感影像分类方法取得了良好发展，主要体现在：一是新型分类方法的发展与应用。从基于像元的分类方法、基于亚像元的分类方法到面向对象的分类方法及多分类器组合方法等都得到前所未有的发展。二是数据类型和特征类型趋于多源化。数据类型涉及光学遥感数据（高光谱和多光谱遥感数据）、主/被动微波遥感数据、多源遥感数据的综合利用及一些非遥感辅助数据的引入。用于影像分类的特征包括光谱特征、纹理特征、散射特征、极化分解特征、多时相特征等。三是分类对象的具体化。遥感影像分类对象经历了从最开始的土地利用/土地覆盖一级类型的分类到亚类的分类，再到特定地物信息精细提取的发展过程。

五、国内外研究进展小结

目前，覆膜种植技术的研究主要围绕地膜覆盖对土壤水热环境的调节作用、作物增产效益及一些环境影响的研究，多以田间对比实验的方式进行。而覆膜种植技术的作用与影响具有一定的尺度特征，局地尺度、区域尺度乃至全球尺度上的表现不同，这一特征很难在田间试验的尺度上全面体现出来，因此覆膜种植技术的作用与影响需要在不同空间尺度上进行探究。然而，目前缺乏获取覆膜种植农田空间分布信息的技术方法，缺乏覆膜种植农田宏观尺度上的作用与影响机制研究及综合效益评价研究。覆膜种植农田遥感识别研究不仅对农业生产和农业可持续发展具有重要意义，而且对生态环境保护（如土壤微环境、农田生态环境）也有着重要意义，同时也对土地利用精细数据的更新具有一定的价值。

近年来，覆膜种植农田遥感识别研究也逐渐得到了关注，但其研究基础非常薄弱，处于起步阶段，有很多理论和技术问题亟待解决。已有的研究都基于光学遥感数据的光谱特征开展（单一时相、单一数据的单一特征），基于多时相数据识别研究、基于多源数据多种特征结合的覆膜种植农田识别研究及识别特征优化选择研究尤其缺乏。

第三节　研究目的及意义

一、研究目的

立足覆膜种植农田研究现状及覆膜种植技术的应用与管理的需求，本研究利用多源遥感数据，系统分析覆膜种植农田的遥感光谱反射特征、散射特征、极化分解特征及空间结构特征，建立覆膜种植农田遥感识别技术流程；结合光学遥感与雷达遥感数据，建立覆膜种植农田遥感识别优化特征组合；实现覆膜种植农田小区域高精度识别和大区域有效识别。研究结果能够为全国甚至全球覆膜种植农田的遥感识别提供理论框架和技术方法基础，为残膜污染防治、覆膜种植措施的生产效益及生态功能的权衡与协同提升提供科学依据和技术支撑。对精准农业发展及农业环境污染防治与保护，以及实现生态优先、绿色发展战略目标等方面都具有重要意义，也有助于丰富土地利用/土地覆盖变化领域及遥感信息挖掘领域的理论与方法。

二、研究意义

本研究以光学遥感数据和雷达遥感数据为基础，开展覆膜种植农田遥感识别研究，对农业遥感应用及理论方法进步具有一定意义。本研究的科学理论与实践应用价值体现在以下几个方面：

第一，我国覆膜种植农田面积快速增加而缺乏有效识别方法，导致覆膜种植农田空间分布、覆盖面积及动态变化等重要数据的缺失。由于地膜覆盖在时间、空间和光谱上的特殊性，覆膜种植农田遥感识别具有一定难度。因此，构建覆膜种植农田信息遥感识别技术方法与理论框架，准确获取覆膜种植农田时空信息，对填补覆膜种植农田遥感监测技术的空白，以及对地膜使用过程进行科学管理、减轻覆膜种植技术的负面影响具有重要参考意义。

第二，结合多源遥感数据和多种特征已成为地物类型遥感识别领域的重要发展方向。目前，国内外覆膜种植农田遥感识别研究基础非常薄弱，已有的覆膜种植农田遥感识别研究只针对单一遥感数据的单一特征（光谱）开展，尚缺乏针对多源遥感数据和多种特征的综合应用研究。因此，本研究结合多极化雷达数据和多种光学遥感数据，开展覆膜种植农田遥感识别研究，通过结合多源数据多种特征来挖掘遥感数据深层信息，提高覆膜种植农田遥感识别精度，并为地物类型遥感识别提供新视角。

第三，覆膜种植农田遥感识别能为揭示农业生产活动与气候变化之间的内在联系提供数据基础，有助于生态优先、农业绿色发展战略的落实。覆膜种植技术在农业生产上做出了重大贡献，但覆膜种植方式也会改变各生态系统之间的能量收支，从而对农业生产、生态环境健康、区域气候甚至全球气候等产生显著影响。准确获取区域尺度覆膜种植农田空间分布和覆盖面积信息，对农田生态系统参数定量反演（温度、土壤湿度反演、蒸散发）、农田能量平衡、作物产量模拟、农作物物候、气候变化、气候变化与农业生产之间相互作用关系的研究都具有重要意义。同时也对农业资源分配、农业生产、农业可持续发展和农田环境健康评价具有重要意义。

三、研究内容

本研究选择我国重要农业生产区华北地区典型覆膜种植区——河北省衡水市冀州市、黄土高原典型覆膜种植区——宁夏回族自治区固原市原州区、黄河流域典型覆膜种植区——内蒙古自治区河套灌区为研究区，以 Pléiades 卫星、GF-1 卫星、Sentinel-2 卫星、

Landsat-8 卫星及 Radarsat-2 卫星等多种光学遥感数据和雷达遥感数据为主要数据源，分别在像元尺度上和对象尺度上，挖掘覆膜种植农田时间-空间-光谱多源遥感特征，探索覆膜种植农田遥感识别通用特征及特征组合，构建区域尺度覆膜种植农田遥感识别技术流程，实现普适性较好的覆膜种植农田遥感识别技术方法，准确获取覆膜种植农田时空信息，为科研部门和应用决策部门提供基础数据。针对本书的研究目标，共设计了以下研究内容：

第一，基于高分辨率光学遥感数据的覆膜种植农田遥感识别。空间尺度问题是地学和遥感领域的重要问题，也是对地物类型进行有效识别的主要挑战之一。目前，最佳/有效空间尺度或空间分辨率选择问题及如何进行评价是前沿热点问题。遥感信息提取的有效性除了受目标地物的光谱、纹理、形状等特征的影响以外，还受目标地物的空间尺度大小与遥感影像空间分辨率的影响。因此，要想提高地物信息提取精度，就必须考虑遥感数据的空间分辨率对信息提取精度的影响。本研究基于高空间分辨率 GF-1 卫星数据开展了覆膜种植农田遥感识别有效空间尺度或尺度范围研究及尺度效应分析。

第二，基于中分辨率光学遥感数据的覆膜种植农田遥感识别。覆膜种植行为是在某一特定的时间段内完成的，开始覆膜到结束覆膜一般需要 10～30 天，而且覆膜种植农田的遥感特征随着覆膜种植作物的物候期而发生变化。在不同时间段覆膜种植农田遥感识别特征不同，因此，覆膜种植农田遥感识别特征应当在某一时期内（10 天、半个月或 1 个月）进行优化、确定最佳识别时间窗口、优化时相组合及优化特征组合。然而，目前的覆膜种植农田遥感识别特征大部分仅限于光谱反射特征，而覆膜种植农田独特遥感特征尚未得到深入研究。为了挖掘 Landsat-8 陆地成像仪（Operational Land Imager，OLI）和热红外传感器（Thermal Infrared Sensor，TIRS）数据的覆膜种植农田识别特性以及解决覆膜种植农田遥感识别最佳时相，本研究开展了基于多种时相组合特征的覆膜种植农田识别研究。

第三，基于雷达遥感数据的覆膜种植农田遥感识别。雷达数据不受云雨雾霾天气的影响，是农业生产关键时期的可靠数据源。相比于光学遥感数据，雷达遥感信息对水分和结构变化十分敏感，具有极化、相位等丰富的信息。覆膜种植将改变地表粗糙度、介电常数等，故其在雷达影像上的特征不同于其他地物。鉴于雷达影像的后向散射特征、极化分解特征在地物特征表达方面的互异性和互补性，本研究借助 Radarsat-2 数据进一步分析覆膜种植农田遥感识别的后向散射特征、极化分解特征，并利用 SVM 和 RF 算法开展了覆膜种植农田识别研究，探索雷达数据在覆膜种植农田遥感识别潜力，弥补利用单一特征进行识别的不足和应用限制，以提高覆膜种植农田识别准确度。

第四，基于多源数据的覆膜种植农田遥感识别。结合光学遥感数据和雷达遥感数据，开展覆膜种植农田遥感识别特征研究，充分挖掘多源数据在空间-光谱上的优势。在地物识别方面光学遥感和微波遥感各有其优缺点，如何进行光学遥感数据和微波遥感数据的有效结合是遥感应用中的重要研究内容。基于光学遥感数据的分类主要根据光谱反射特征的差异，难免存在同物异谱和异物同谱现象。因此，结合光学遥感数据和雷达遥感数据，发挥各自的优势，提高覆膜种植农田识别精度，也为多源数据结合提供理论依据。本研究结合 GF - 1、Landsat - 8 和 Radarsat - 2 数据的多种特征进行覆膜种植农田遥感识别研究，解释光学遥感数据和雷达遥感数据在覆膜种植农田识别中的优势与劣势，并进行机理解释。

第五，基于面向对象影像分析的覆膜种植农田遥感识别。基于 Pléiades、Radarsat - 2、Sentinel - 2 等光学遥感数据和雷达遥感数据，采用面向对象影像分析方法，进行了河北地区和内蒙古地区的覆膜种植农田遥感识别研究。首先对遥感数据进行多尺度分割，获取覆膜种植农田遥感识别最优分割尺度。在此基础上，提取地物斑块的光谱特征、几何特征、纹理特征等多种特征，并进行特征优化，选出优化特征子集，最后利用优化特征子集和 RF 机器学习分类方法对覆膜种植农田进行识别，并利用混淆矩阵法进行覆膜种植农田识别精度验证，探索面向对象方法在覆膜种植农田遥感识别中的潜力。

第六，采用面向对象分析方法开展黑色覆膜农田遥感识别。近年来，黑色地膜的使用变得较为普遍，其空间分布信息的及时掌握具有重要意义。但目前黑色覆膜种植农田遥感识别方面尚未开展相关研究，未形成有效方法和技术体系。为了发展黑色覆膜种植农田遥感识别方法，本研究基于高时空分辨率 Sentinel - 2 卫星数据，结合面向对象影像分析方法和决策树分类法，在河套灌区开展了黑色覆膜种植农田遥感识别研究。

第七，采用面向对象的影像分析技术开展了农用塑料棚精细识别。目前大部分研究集中在塑料大棚信息的提取上，尚缺乏不同大棚类型信息的精细提取方法。因此，本研究以 Sentinel - 2 卫星数据为基础，结合面向对象影像分析方法和机器学习算法，构建了面向对象多层多尺度分割分类方法，进行了不同类型大棚信息的精细提取。

第二章 研究区及多源数据介绍

由于覆膜种植农田的区域差异大，本研究选取了三种不同覆膜方式的研究区，分别为河北省衡水市冀州市、宁夏回族自治区固原市原州区、内蒙古河套灌区。三个研究区在地理位置、地形地貌、气候类型、种植结构等方面明显不同。其中，河北省衡水市冀州市是华北平原典型覆膜种植区，属于半湿润半干旱气候，种植结构一般为两熟制，覆膜作物主要包括棉花、花生、蔬菜等，覆膜方式为平覆；宁夏回族自治区固原市原州区是我国西北干旱半干旱地区，覆膜作物主要为玉米和冬小麦，覆膜方式为垄谷全覆盖；内蒙古河套灌区气候属于干旱半干旱地区大陆性气候，灌区玉米、葵花、番茄及一些蔬菜均采用覆膜种植方式。

一、华北地区典型覆膜种植区——河北省衡水市冀州市

冀州市是华北地区典型覆膜种植区，位于 $37°18'40''\sim37°44'25''N$、$115°09'57''\sim115°41'07''E$。冀州市地势自西南向东北缓慢倾斜，海拔高度为 $12\sim27m$。气候类型属大陆季风气候区，四季分明，春季干燥多风，夏季炎热多雨，冬季寒冷干燥。年均气温为 $12\sim13℃$，无霜期 $170\sim220d$，年均降水量为 $500\sim900mm$，降水主要集中在夏季。土地利用类型大致可分为耕地、林地、草地、水体、交通用地、居住用地和建设用地。其中耕地面积约为 $5.93\times10^4hm^2$（尚斌，2014），主要作物有棉花、冬小麦、玉米等。农作物耕作制度熟制一般为一年一熟制或一年两熟制，冬小麦-夏玉米连作一年两熟制，棉花为一年一熟制。棉花是本研究区主要的覆膜种植作物。

二、黄土高原典型覆膜种植区——宁夏回族自治区固原市原州区

原州区为黄土高原典型覆膜种植区。宁夏地势南高北低，南部为山区、中部为干旱区、北部为平原区。属温带大陆性半干旱气候，降水量少，蒸发量大，气候干燥，春暖、夏热、秋凉、冬寒。年均气温为 $5.4\sim10.0℃$，年降水量为 $169.5\sim611.8mm$ 且分布不

均、由南向北递减，年日照时数为 2 800h，无霜期 148d（袁海燕等，2011）。总面积为 $519\times10^4\,hm^2$，耕地面积为 $110.35\times10^4\,hm^2$，其中灌溉水田面积为 $4.05\times10^4\,hm^2$、水浇地面积为 $36.99\times10^4\,hm^2$、园地面积为 $3.33\times10^4\,hm^2$、林地面积为 $60.36\times10^4\,hm^2$、牧草地面积为 $233.09\times10^4\,hm^2$（宋永永等，2015）。总人口大概 647.19 万人，其中农业人口 402.94 万人（郭永杰等，2015），农业总产值达到 385.15 亿元（宋永永等，2015）。覆膜种植作物主要为玉米。该地区地膜覆盖方式包括秋季覆膜、早春覆膜和播前覆膜。

三、黄河流域典型覆膜种植区——内蒙古自治区河套灌区

本研究以内蒙古河套灌区为黄河流域典型覆膜种植区。河套灌区是我国三大灌区之一，也是黄河流域最大灌区，年引黄河水量为 50 亿 m^3，占黄河过境水量的 1/7。河套灌区位于内蒙古自治区西部巴彦淖尔市（40°19′～41°18′N，106°20′～109°09′E），北依阴山山脉，南临黄河，东至包头，西接乌兰布和沙漠。灌区气候属于干旱半干旱大陆性气候，春冷、夏热、降水量少、蒸发量大、昼夜温差大、无霜期短、热量充足、地势平坦，适宜耕作，是我国重要商品粮油生产基地。河套灌区土地利用类型繁多，包括耕地、园地、林地、草地、城镇村用地及工矿用地、交通用地、水域及水利设施用地、其他用地、未利用地等。灌区主要作物包括春小麦、玉米、葵花、番茄、油麦菜、青椒、蜜瓜、西瓜、香瓜等，其中玉米、葵花、番茄及一些蔬菜均采用覆膜种植方式，因不同作物对水、肥、气、热条件的需求不同导致作物物候期大不相同。

第二节 多源遥感数据的获取与处理

本研究所利用的遥感数据包括 Pléiades 卫星数据、GF-1 卫星数据、Sentinel-2 卫星数据、Landsat-8 卫星数据、Radarsat-2 卫星数据。

一、Pléiades 卫星数据及预处理

本研究所利用的高分辨率光学遥感数据为法国高分辨率 Pléiades 卫星数据。Pléiades 卫星搭载了一种高分辨率的商用光学传感器，自 2011 年 12 月以来一直由法国国家空间研究中心运营。该卫星是 SPOT 系列卫星的后继卫星（Ng et al.，2017）。Pléiades 卫星由 Pléiades-1 卫星和 Pléiades-2 卫星构成。Pléiades-1 和 Pléiades-2 分别于 2011 年 12 月 17 日、2012 年 12 月 1 日升空，同时传输遥感影像数据并投入使用。Pléiades-1 卫星和 Pléiades-2 卫星一起运行重访周期为 1 天，光谱范围全色波段 470～830nm、蓝光波段 430～550nm、绿光波段 500～620nm、红光波段 590～710nm 和近红外波段 740～940nm（Louarn et al.，2017）。全色波段分辨率为 0.5m，多波段数据分辨率为 2m。成像能力为每天 $10^7\,km^2$，幅宽达到 20km。本研究采用的 Pléiades 卫星数据为 2015 年 5 月 24 日河北省衡水市冀州市数据，具体数据范围为 37°32′4″～37°42′0″N、115°19′2″～115°28′8″E。对 Pléiades 数据进行了辐射定标、大气校正、几何校正等预处理。

二、GF - 1 卫星数据及预处理

GF - 1 卫星为 2013 年发射的我国对地观测系统第一颗高分辨率卫星，是太阳同步轨道卫星，重访周期为 5 天，寿命为 5～8 年（郭会敏等，2015；刘锟等，2015）。配置了 2 台 2m 分辨率的全色波段和 8m 分辨率的多光谱相机，幅宽为 60km；4 台 16m 分辨率的多光谱宽幅相机，幅宽为 800km。多光谱相机可获得蓝光波段 0.45～0.52μm、绿光波段 0.52～0.59μm、红光波段 0.63～0.69μm 和近红外波段 0.77～0.89μm 四个波段的光谱数据。本研究选取了 2015 年 5 月 5 日河北省衡水市冀州市和 2015 年 4 月 8 日宁夏回族自治区固原市原州区无云 GF - 1 卫星 PMS1/2 传感器多光谱数据（8m 分辨率）及全色波段（2m 分辨率）。

对 GF - 1 卫星 PMS1/2 传感器多波段和全色数据进行辐射定标、大气校正、正射校正、镶嵌、几何校正、裁剪等预处理，全部预处理在 ENVI 5.1 中完成。本研究利用 2015 年定标参数（表 2.1）对多波段和全色波段数据进行辐射定标，并利用 FLAASH 模块（Fast Line - of - sight Atmospheric Analysis of Spectral Hypercubes）进行大气校正。然后，利用 GF - 1 卫星数据自带 RPB 文件进行 RPC 正射校正，再对每个研究区多景数据进行镶嵌处理。最后以 Landsat - 8 全色波段数据为参考对 GF - 1 数据进行几何校正，并进行裁剪处理获取研究区所需影像数据。在几何校正时选用了最近邻重采样方法，该方法处理简单，且像元位置发生变化时，其亮度值不发生变化，也是遥感影像分类常用的最优的重采样方法。其他常用方法包括双线性插值方法和立方卷积方法的像元值是周围像元（分别是 4 和 16 邻域）的权重计算，虽然其重采样视觉效果更好，但像元亮度值不再和原始影像值保持一一对应关系。

表 2.1 GF - 1 卫星数据 2015 辐射定标参数

波段	增益	偏移
全色波段	0.195 6	0.201 8
蓝光波段	0.211 0	0.224 2
绿光波段	0.180 2	0.188 7
红光波段	0.180 6	0.188 2
近红外波段	0.187 0	0.196 3

三、Sentinel - 2 卫星数据及预处理

Sentinel - 2 卫星由 Sentinel - 2A 与 Sentinel - 2B 两颗卫星组成，分别于 2015 年 6 月 23 日和 2017 年 3 月 7 日发射，共同运行重访周期为 5 天。Sentinel - 2 卫星搭载的有效荷载为多光谱成像仪，幅宽达 290km，覆盖可见光近红外波段（10m）、红边波段（20m）和短波红外-卷云波段（60m）等 13 个波段，如表 2.2 所示。Sentinel - 2 卫星数据是唯一的在红边范围含有 4 个波段的免费卫星数据。从官网上下载相关研究区的 Sentinel - 2A 卫星数据，并进行辐射定标、大气校正、几何校正等常规预处理。

表 2.2　Sentinel - 2A 卫星数据波段参数

Sentinel - 2A 数据波段	中心波长（μm）	分辨率（m）
Band 1 -海岸带波段	0.443	60
Band 2 -蓝光波段	0.490	10
Band 3 -绿光波段	0.560	10
Band 4 -红光波段	0.665	10
Band 5 -红边波段	0.705	20
Band 6 -红边波段	0.740	20
Band 7 -红边波段	0.783	20
Band 8 -近红外波段	0.842	10
Band 8A -红边波段	0.865	20
Band 9 -水蒸气波段	0.945	60
Band 10 -短波红外-卷云波段	1.375	60
Band 11 -短波红外波段	1.610	20
Band 12 -短波红外波段	2.190	20

四、Landsat - 8 卫星数据及预处理

Landsat - 8 卫星是 2013 年由美国航空航天局（National Aeronautics and Space Administration，NASA）发射的 Landsat 延续计划的陆地观测遥感卫星。Landsat - 8 卫星是与太阳同步近极地圆形轨道卫星，轨道高度为 705km，幅宽为 185km×185km，能够提供宽幅影像数据。Landsat - 8 卫星搭载 OLI 和 TIRS 两种主要传感器（表 2.3）。其搭载的 OLI 传感器包括了 Landsat - 7/增强型专题绘图仪（Enhanced Thematic Mapper[+]，ETM[+]）传感器所有波段，但对波段进行了重新调整，且新增蓝光波段（0.433～0.453μm）和短波红外波段（1.360～1.390μm），蓝光波段主要应用于海岸带观测，短波红外波段可用于云检测。

表 2.3　Landsat - 8 卫星数据参数

传感器	波段名称	波长（μm）	空间分辨率（m）	辐射分辨率（bit）
OLI	海岸带波段	0.43～0.45	30	12
	蓝光波段	0.45～0.51	30	12
	绿光波段	0.53～0.59	30	12
	红光波段	0.64～0.67	30	12
	近红外波段	0.85～0.88	30	12
	短波红外波段 1	1.57～1.65	30	12
	短波红外波段 2	2.11～2.29	30	12
	全色波段	0.50～0.68	15	12
	卷云波段	1.36～1.38	30	12

（续）

传感器	波段名称	波长（μm）	空间分辨率（m）	辐射分辨率（bit）
TIRS	热红外波段 1	10.60～11.19	100	12
	热红外波段 2	11.50～12.51	100	12

本研究在美国地质勘探局（http：//glovis. usgs. gov）数据及产品服务系统下载了相关研究区 2015 年 3—7 月 Landsat - 8 影像，从中选取了云覆盖小于 20％的影像，获取影像拍摄日期、卫星平台及传感器参数如表 2.4 所示。对 OLI 数据进行辐射定标、大气校正、裁剪等预处理，对 TIRS 进行辐射定标获取亮温数据。

表 2.4 所用的 Landsat - 8 影像

序号	卫星	传感器	日期（冀州市）	日期（原州区）
1	Landsat - 8	OLI/TIRS	2015 年 4 月 16 日	2015 年 4 月 26 日
2	Landsat - 8	OLI/TIRS	2015 年 5 月 18 日	2015 年 5 月 12 日
3	Landsat - 8	OLI/TIRS	2015 年 6 月 3 日	2015 年 6 月 13 日
4	Landsat - 8	OLI/TIRS	2015 年 6 月 19 日	2015 年 7 月 15 日
5	Landsat - 8	OLI/TIRS	2015 年 7 月 5 日	2015 年 7 月 31 日

五、Radarsat - 2 卫星数据及预处理

本研究利用的雷达数据为加拿大雷达卫星 Radarsat - 2 卫星数据。第一颗雷达卫星 Radarsat - 1 和第二颗雷达卫星 Radarsat - 2 分别于 1995 年 11 月和 2007 年 12 月发射。Radarsat - 2 是搭载 C 波段传感器的高分辨率商业雷达卫星。与 Radarsat - 1 相比，Radarsat - 2 空间分辨率有所提高，且具有多种极化方式成像能力。Radarsat - 2 电磁波发射分为水平波（H）和垂直波（V），接收的过程也分为水平接收（H）和垂直接收（V）。同时发射 H 和 V，可得到四种极化方式，即 HH、HV、VH、VV。除了重访周期缩短，Radarsat - 2 具有全极化模式成像优势，大幅提高了地物识别能力。其产品分为 7 种，分别是单视复型产品（Single Look Complex，SLC）、SAR 地理参考精细分辨率产品（SAR Georeferenced Fine，SGF）、SAR 地理参考超精细分辨率产品（SAR Georeferenced Extra，SGX）、窄幅 ScanSAR 产品（ScanSAR Narrow，SCN）、宽幅 ScanSAR 产品（ScanSAR Wide，SCW）、SAR 地理编码系统校正产品（SAR Systematically Geocoded，SSG）和 SAR 地理编码精校正产品（SAR Precision Geocoded，SPG）。本研究利用的 Radarsat - 2 数据为斜距产品 SLC，分别购买了 2015 年 4 月 25 日冀州市和 2015 年 4 月 27 日原州区的两景影像，图像分辨率为 8m，卫星通过方向为升轨，入射角为 45°。Radarsat - 2 的影像预处理流程如下：首先，辐射校正，将 Radarsat - 2 数据进行 DN 值的转换处理，转换为后向散射系数，再根据雷达探测的角度进行辐射校正；其次，利用 Lee - Refined 滤波在 7×7 的滤波窗口进行噪声削弱处理；最后，进行地形矫正和几何精校正。

第三节 野外调查数据获取与处理

一、华北地区典型覆膜种植区的野外调查数据

2015 年 4 月 25—30 日，在河北省衡水市冀州市进行了实地样本采集调查。冀州市主要地物类型包括覆膜种植农田、不透水层（建筑物、工厂、道路、水坝）、裸土（裸地、休耕地、弃耕地）、水体（河流、湖泊、灌溉渠）、植被覆盖区（农作物、菜地、草地、林地）等。2015 年 6 月 27—30 日，对该研究进行了补充调查，获取了具有代表性的足量覆膜种植农田样本数据。

在实地调查中利用全球定位系统（Global Positioning System，GPS）定位采样点位置并记录地物类型。野外调查所采集的样本绝大部分为利用 GPS 定位的点样本数据，有少部分多边形地块样本。对 GPS 样本点数据进行坐标定义、投影转换等预处理，为了避免样本点落在地物边缘而导致误差及保证样本的代表性，通过人工矢量化，将 GPS 定位的样本点数据转成多边形样本。为了充分发挥 GF-1 能提供清晰的边界信息和 Landsat-8 能提供的多时相信息，结合利用 GF-1 数据和 Landsat-8 数据进行目视解译。GF-1 数据能够确保样本的纯度，使多边形样本内部像元保持一致；而 Landsat-8 数据能够保证样本在多时相之间的一致性。首先对 GF-1 数据进行辐射定标、大气校正、正射矫正、几何校正等预处理，再利用 Gram-Schmidt 方法对 8m 多光谱和 2m 全色波段进行融合，获得 2m 多光谱数据。以样本点数据为基础，通过目视解译 GF-1 数据，将样本点数据转成 60m×60m（2×2 Landsat 像元）大小的有规则的多边形样本。由于覆膜种植农田遥感特征随时间变化较快，因此利用多时相 Landsat-8 OLI 影像数据，对样本数据的时相一致性进行检查，删除或调整在多时相影像上不一致的样本，共采集 1 136 个正方形样本（表 2.5），将样本等分成两部分，分别用于训练算法和验证算法。

表 2.5 冀州市和原州区地物分类体系及样本数量

地物类型	英文全称（简称）	说明	冀州市（个）	原州区（个）	备注
覆膜种植农田	Plastic-Mulched Farmland（PMF）	白色覆膜种植农田	256	167	PMF
不透水层	Impervious Surface（IS）	建筑物、工厂、道路	301	110	
植被覆盖区	Vegetation Cover（VC）	农作物、草地、林地	305	122	
水体	Water Body（WB）	河流、湖泊、灌溉渠	74	25	Non-PMF
裸土	Bare Soil（BS）	裸地、休耕地、弃耕地	200	98	
塑料大棚	Plastic Green House（PGH）	白色塑料大棚	—	54	
山地	Mountainous Area（MA）	山区	—	71	

二、黄土高原典型覆膜种植区的野外调查数据

2015 年 6 月 21—24 日，在宁夏回族自治区固原市原州区进行了覆膜种植农田遥感

识别实地样本采集。原州区的地物类型主要包括覆膜种植农田、大棚（包括塑料大棚、玻璃大棚、温室）、不透水层（建筑物、工厂、道路、水坝）、裸土（裸地、休耕地、弃耕地）、水体（河流、湖泊、灌溉渠）、植被覆盖区（农作物、菜地、草地、林地）及山地等。同样在实地调查中利用 GPS 定位采样点位置，并记录地物类型。野外调查所采集的样本绝大部分为利用 GPS 定位的样本点数据，有少部分多边形地块样本。通过目视解译在原州区一共采集了 647 个正方形样本（表 2.5），将样本等分成两部分，分别用于训练算法和验证算法。

三、黄河流域覆膜种植区的野外调查数据

2019 年 4—5 月，在黄河流域河套灌区开展了野外调查工作。实地调查数据主要用于覆膜种植农田遥感识别研究中的特征优化、算法训练及精度验证。本研究采取路线调查方式，采集了覆膜种植作物、使用地膜类型及其他地物样本数据，如表 2.6 所示。同样利用 GPS 对玉米、葵花、番茄等主要覆膜种植作物，以及林地、草地、建设用地、交通用地、水域等其他地物进行定位记录和拍照，保持样点均匀分布于整个研究区域。将野外调查数据分为两部分，一部分用于训练算法与特征优化，另一部分用于验证算法。

表 2.6　河套灌区土地覆盖类型及样本数据（个）

土地覆盖类型	训练样本数量	验证样本数量	总样本数量
无灌水覆膜农田	145	70	215
灌水覆膜农田	88	44	132
无覆膜农田	45	20	65
建筑用地	104	52	156
植被	46	22	68
水体	44	22	66
其他	88	45	133
合计	560	275	835

第三章 基于高分辨率光学遥感数据的覆膜种植农田遥感识别

　　空间尺度的概念因不同领域而具有不同的含义。Nsn 等（1997）定义几种与空间现象有关的尺度概念，如制图尺度、地理尺度、运行尺度和分辨率等。其中制图尺度对应于地图比例尺，地理尺度相对于观测尺度，运行尺度相当于操作尺度，分辨率指的是影像空间分辨率。本研究中的尺度为影像空间分辨率。空间尺度问题在地球科学和遥感领域备受关注，是对地物进行有效观测的主要挑战之一。目前，国际上十分关注如何选择最佳/有效/适宜空间尺度或空间分辨率，以及如何进行评价的问题。以往的研究由于现有遥感数据空间分辨率的限制而被动选择数据，但随着遥感技术的迅速发展和遥感数据的日益丰富，在众多遥感数据中如何选出适宜空间分辨率的数据已成为难题。地物类型遥感信息提取的有效性除了受目标地物的光谱、纹理、形状等特征的影响以外，还受目标地物的空间尺度和遥感影像的空间分辨率的影响。因此，在地物类型信息获取时需要考虑遥感数据的空间分辨率对信息提取精度的影响。尺度的大小和空间现象之间存在内在本质的联系（明冬萍等，2008）。在某个空间尺度上存在的现象、特征、性质或总结出的规律和原理，在另一种空间尺度上并不一定存在或有效。地理现象或实体的空间特征都依赖于空间尺度，在某个尺度上同质现象在另一个尺度上有可能是异质现象。所以，离开尺度的地理实体或现象的研究都不能真正意义上揭示其空间分布与地域分异规律。

　　遥感数据的空间分辨率与地物尺度之间的差异对信息提取有效性产生显著影响，如精细空间分辨遥感数据会减少边界处的混合像元问题，在一定程度上提高地物识别精度。当遥感数据空间分辨率小于地物大小时，数据包含着太多过于详细的信息而导致类内差异变大、数据量大增，而且过高空间分辨率数据也有可能导致同物异谱、异物同谱的现象。即增加类内光谱信息的差异性、降低类间的可分离性，从而导致信息提取精度的降低。此外，过高空间分辨率数据的获取难度大且费用昂贵。然而，粗分辨率遥感数据的混合像元问题较严重，导致基于像素的地物识别与面积监测的误差较大，以及混合像元内地物光谱信息失真和丢失小面积地物信息等问题。因此，遥感信息提取尺度效应研究不仅能够为数据和方法选择提供依据，而且也有助于提高地物类型信息提取精度。

　　近年来，在地物信息提取及地物类型识别研究中，空间尺度效应的研究日益得到重视，逐步发展形成了局部方差、变异函数等基于地统计学的方法和基于分形理论的方法，并取得了较好的结果。Woodcock（1987）基于 TM、SPOT 影像利用基于地统计学的局部方差法对森林、城市居民区、农田等目标地物进行最优空间分辨率选择研究。Woodcock 和 Atkinson 利用变异函数研究遥感影像最佳空间分辨率选择问题（Alan et al.，1988；Atkinson et al.，1997）。目前已经发展了离散度方法（柏延臣等，2004）、信息熵方法（韩鹏等，2008）、纹理的频谱能量变化规律（陈杰等，2011a）、局部方差法（明冬萍等，2008）及分形理论（冯桂香等，2015）等不同方法进行地物类型遥感识别最优尺度问题的研究。近年来，以上方法广泛应用到多个领域的最优空间尺度选择中，包括植被类型分类（Roth et al.，2015）、自然植被制图（Nijland et al.，2009）、桉象落叶监测（Lottering et al.，2016）、城建区监测（Tran et al.，2011）、早期病虫害监测（De Castro et al.，2015）等。然而，由于我国农田地块小、覆盖面积大、分布破碎（包括覆膜种植农田），我国农田信息遥感识别极易受空间尺度的影响。在某种程度上，影像数据的规格（光谱、空间、时间分辨率）决定着预测精度（Nijland et al.，2009）。在地物类型信息遥感提取中，空间特征与光谱特征一样起着至关重要的作用（Schlerf et al.，2005）。充分考虑适宜空间分辨率是提高信息提取精度和效率的重要方面。因此，地物信息遥感监测最佳空间分辨率优选方法的构建具有非常重要的意义（Atkinson et al.，1997）。

　　本研究在充分分析覆膜种植农田空间特征和尺度选择理论方法的基础上，基于国产 GF-1 卫星 PMS 传感器数据，采用基于地统计学方法即局部方差法开展覆膜种植农田遥感识别有效空间尺度或尺度范围研究，为覆膜种植农田遥感识别数据选择提供依据。本章具体研究目标：一是确定覆膜种植农田遥感识别有效空间尺度及尺度范围；二是分析空间尺度对覆膜种植农田遥感识别精度的影响，具体技术路线如图 3.1 所示。

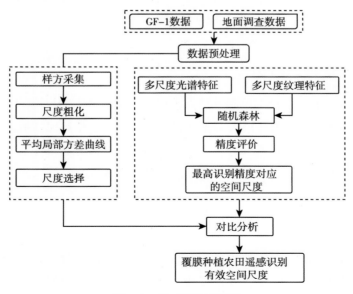

图 3.1　第三章技术路线

第一节 研究区及数据

一、研究区及遥感数据

本章的研究区分别为河北省衡水市冀州市和宁夏回族自治区固原市原州区。采用 GF-1 卫星数据开展覆膜种植农田遥感识别有效空间尺度或尺度范围研究，以及空间尺度对覆膜种植农田识别精度的影响研究，为覆膜种植农田遥感识别数据选择提供依据。所用数据包括原州区 2 景和冀州市 6 景 GF-1 卫星数据，如表 3.1 所示。

表 3.1 GF-1 影像参数

序号	卫星	相机	传感器	日期	数量（景）	地区
1	GF-1	PMS1	MSS/Pan	2015 年 4 月 8 日	1	原州区
2	GF-1	PMS2	MSS/Pan	2015 年 4 月 8 日	1	
3	GF-1	PMS2	MSS/Pan	2015 年 5 月 5 日	2	冀州市
4	GF-1	PMS1	MSS/Pan	2015 年 5 月 5 日	2	
5	GF-1	PMS2	MSS/Pan	2015 年 6 月 11 日	2	

本研究利用 GF-1 卫星 PMS 相机 2015 年辐射定标参数及波普响应函数对多波段数据和全色波段数据进行辐射定标和大气校正。利用 GF-1 卫星数据自带的 RPB 文件进行 RPC 正射校正，再对每个研究区多景数据进行镶嵌处理，并以 Landsat-8 全色波段数据为参考对 GF-1 数据进行几何校正，最后利用行政界线进行裁剪，获取研究区数据。由于原州区西部地区主要是山区，而且在山区覆膜种植农田很少，所以最后将西部山区淹没处理，获取原州区东部 GF-1 数据。

二、野外调查样本数据

为了检验局部方差法选择的覆膜种植农田遥感识别适宜空间尺度的有效性，本研究还利用 RF 算法进行该地区覆膜种植农田遥感识别研究，并进行对比分析。通过野外实地调查和目视解译的方式，获取监督分类所需的训练样本及精度验证样本。冀州市和原州区覆膜种植农田遥感识别样本和分类体系如表 2.5、表 2.6 所示。

第二节 研究方法

采用局部方差法开展覆膜种植农田遥感识别有效空间尺度/有效空间尺度范围优选研究，再利用 SVM 和 RF 机器学习算法开展空间尺度对覆膜种植农田识别精度的影响研究。

一、覆膜种植农田遥感识别有效空间尺度优选

目前，遥感影像最佳尺度选择研究采用的方法包括局部方差、变异函数、信息熵等。此类基于地统计学方法的理论前提假设条件是空间依赖性，即邻近地物的相似性高于距离较远的地物。局部方差法，也被称为平均局部方差方法，是 Woodcock 和 Strahler 等于1987 年提出的典型的地统计学方法，可以用来研究地物识别遥感影像最佳空间尺度选择问题。局部方差法的基本假设是遥感影像上地物大小与遥感影像的空间分辨率有关系，基本假设如图 3.2 所示，地物大小与遥感影像空间分辨率之间的关系如图 3.3 所示。如果遥感影像空间分辨率小于地物大小，则一个地物由多个像元构成，此时相邻像元属于同一种地物类型，其空间相关性强，局部方差较小（图 3.3 中 R_f 处）。如果遥感影像空间分辨率与地物大小相等，则一种地物基本上由一个像元构成，此时相邻像元属于不同地物类型，相邻像元的相似性很低，局部方差变大（图 3.3 中 R_o 处）。如果影像空间分辨率超过地物大小，则一个像元包含多个地物类型，此时相邻像元的相似性又开始增大，局部方差变小（图 3.3 中 R_c 处）。因此，局部方差法原理能够有效解释地物大小与遥感影像空间分辨率之间的定量关系，可用于确定影像上地物的大小。

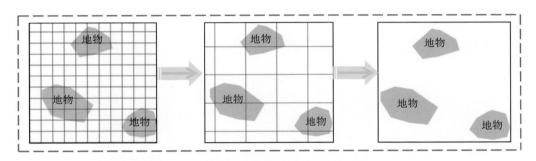

图 3.2　影像空间分辨率与地物大小之间的关系

局部方差的计算是在影像上设 $n×n$ 像元的滑动窗口，在整幅影像上以一定步长不断移动该滑动窗口，并计算每个位置上滑动窗口内的标准差，最后求出整幅影像上所有滑动窗口标准差的平均值，即为平均局部方差。局部方差曲线的构成是以空间分辨率为横坐标、以局部方差为纵坐标，绘出局部方差曲线图，揭示局部方差随空间分辨率的变化特征。然后，根据局部方差曲线峰值点位置确定地物识别最佳空间分辨率（图 3.3 中的 R_o）。局部方差计算步骤大致可分为以下三步：

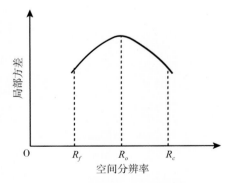

图 3.3　遥感影像空间分辨率与
局部方差关系示意

第一，影像数据处理，首先对预处理后的遥感影像数据进行空间分辨率粗化（重采样）处理，也称聚合处理，得到一系列不同空间分辨率

影像数据。

第二，计算局部方差，利用设定的滑动窗口，分别计算不同空间分辨率遥感影像数据的局部方差。

第三，绘制局部方差曲线，以空间分辨率为横坐标，以局部方差为纵坐标，做出局部方差曲线图。根据局部方差曲线的峰值点位置，找出最佳空间尺度。局部方差的计算公式如公式（3.1）和公式（3.2）所示（郑辉，2014）。

$$G = \frac{\sum_{i=0}^{M-1} \sum_{j=0}^{N-1} G(i, j)}{MN} \tag{3.1}$$

$$S^2 = \frac{\sum_{i=0}^{M-1} \sum_{j=0}^{N-1} [G(i, j) - G]^2}{MN} \tag{3.2}$$

其中，i 和 j 为行列号，$G(i, j)$ 为灰度值，S^2 为平均局部方差，M 和 N 为滑动窗口大小。

本研究中的局部方差计算过程如下：

①样方选取。在 2m 空间分辨的融合 GF‑1 影像上选取几个具有代表性的覆膜种植农田小区域，即样方。在冀州市和原州区分别采集了大小均为 500m×500m 的三个样方，如图 3.4 所示。

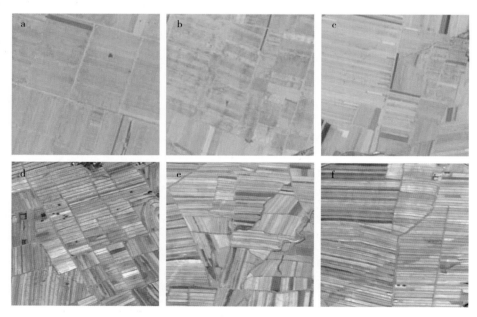

图 3.4　用于最佳空间尺度选择的样方（标准假彩色合成影像）

注：a、b 和 c 为冀州市覆膜种植农田样方，d、e 和 f 为原州区覆膜种植农田样方。

②对遥感影像样方数据进行处理。对每一个样方进行聚合处理（空间分辨率粗化处理），得到一系列不同空间分辨率数据。本研究采用等差数列形式将遥感数据空间分辨率粗化成为 2m、4m、6m、8m、10m 一直到 80m 等 40 个等级的系列数据（图 3.5）。

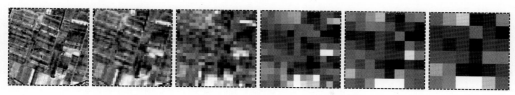

图 3.5　样方影像空间分辨率粗化处理示意

注：从左到右依次为 2m、10m、20m、40m、60m、80m。

③平均局部方差计算。在不同空间分辨率上计算平均局部方差，本研究分别计算 3×3 像元、5×5 像元、7×7 像元、9×9 像元滑动窗口上的局部方差，并进行对比分析。

④形成局部方差曲线图。以空间分辨率为横坐标，以局部方差为纵坐标，做出局部方差曲线图。根据局部方差曲线峰值点（拐点）位置选择覆膜种植农田遥感识别适宜空间尺度。

二、覆膜种植农田遥感识别特征提取

纹理特征在遥感影像分类中具有非常重要的地位，但纹理特征的贡献受识别目标地物和遥感数据空间分辨率的影响。高空间分辨率 GF-1 卫星的成功发射，为我国农业遥感提供了更好的数据源，GF-1 卫星数据已成为农业遥感的主要数据源之一。特别是 GF-1 卫星 2m 空间分辨率影像，相比于以 Landsat 系列卫星为代表的中等空间分辨率影像数据，GF-1 卫星数据提供了更加丰富的纹理细节特征和空间结构特征（陈仲新等，2016）。此外，我国农田地块小、分布破碎，在低空间分辨率数据上其结构特征有可能会丢失，而高空间分辨率影像有利于刻画小尺度地物的空间纹理特征。基于此，本章研究基于 GF-1 卫星 PMS1/2 融合多光谱影像，通过空间分辨率粗化形成不同空间分辨率系列数据，空间分辨率分别为 2m、4m、6m、…、96m、98m、100m、110m、120m、…、230m、240m、250m。利用灰度共生矩阵（Glay Level Co-occurrence Matrix，GLCM）法在多尺度 GF-1 多光谱影像每个波段上以 3×3 像元为滑动窗口、以一个像元为移动步长、以 45°为方向提取 8 种常用纹理特征，分别对多尺度光谱特征、多尺度纹理特征、多尺度光谱和纹理相结合特征这三种特征进行覆膜种植农田遥感识别研究。

三、机器学习分类方法

为了检验局部方差法求出的适宜空间分辨率的有效性，以及解释局部方差法得到的最佳空间分辨率与最高识别精度对应的空间分辨率之间的关系，本研究利用 RF 机器学习算法对不同空间分辨遥感影像进行分类，并对比分析局部方差法得到的有效空间分辨率与最高识别精度对应的空间分辨率之间的一致性。利用 RF 机器学习算法对两个研究区每一尺度影像上的三种特征集进行分类和精度评价。

第三节　基于 GF－1 数据的覆膜种植
农田遥感识别研究结果

一、覆膜种植农田遥感识别有效空间尺度选择

基于已选好的覆膜种植农田样方，计算其平均局部方差，并绘制局部方差曲线以便选择覆膜种植农田遥感识别适宜空间分辨率。图 3.6 为冀州市覆膜种植农田局部方差曲线，图 3.7 为原州区覆膜种植农田局部方差曲线。在两张图中分别列出了冀州市和原州区覆膜种植农田在 3×3 像元、5×5 像元、7×7 像元和 9×9 像元滑动窗口上计算出的平均局部方差曲线。从图 3.6、图 3.7 可以看出，每一个局部方差曲线都存在峰值位置，这符合局部方差法的理论前提。但在不同波段、不同计算窗口和不同研究区之间存在一定差异。峰值位置一般在空间分辨率为 20m 前出现，空间分辨率超过 20m 后，其局部方差曲线波动中平缓下降。局部方差峰值点位置随着滑动窗口的增大（计算窗口从 3×3 像元扩大到 9×9 像元时）而有向右（向高分辨率移动）移动的趋势，移动步长大致为 2m。

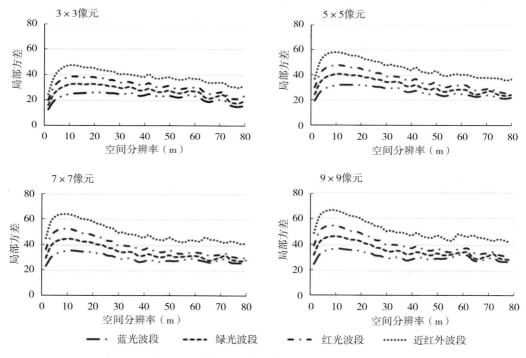

图 3.6　冀州市覆膜种植农田局部方差曲线

根据局部方差曲线峰值点位置选出的冀州市和原州区覆膜种植农田遥感识别最佳空间尺度如表 3.2 所示。从表 3.2 可以看出，冀州市和原州区覆膜种植农田遥感识别最佳空间

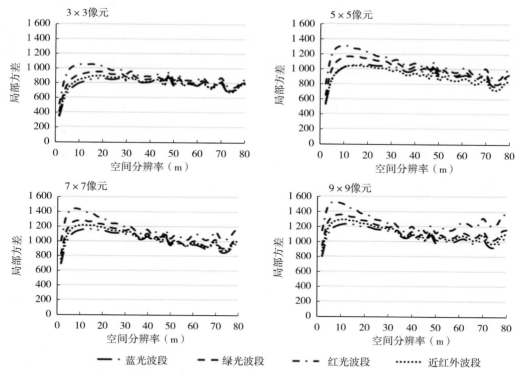

图 3.7　原州区覆膜种植农田局部方差曲线

尺度为 8～20m。因局部方差计算窗口不同，使得局部方差曲线峰值位置有所不同，不同波段上计算出的局部方差曲线峰值位置也存在一定差异。

表 3.2　两个研究区覆膜种植农田遥感识别适宜空间尺度

计算窗口（像元）	波段	最佳空间尺度（m）	
		冀州市	原州区
3×3	蓝光波段	20	20
	绿光波段	14	16
	红光波段	12	16
	近红外波段	12	14
5×5	蓝光波段	18	16
	绿光波段	12	12
	红光波段	12	10
	近红外波段	10	8
7×7	蓝光波段	12	16
	绿光波段	10	12
	红光波段	10	8
	近红外波段	10	8

（续）

计算窗口（像元）	波段	最佳空间尺度（m）	
		冀州市	原州区
9×9	蓝光波段	10	16
	绿光波段	10	10
	红光波段	8	8
	近红外波段	8	8

二、覆膜种植农田遥感识别空间尺度影响

本研究借助研究区 GF-1 卫星 PMS1/2 影像数据，通过空间分辨率粗化形成不同空间分辨率系列数据。利用 GLCM 法在不同空间分辨率多波段影像上提取常用的 8 种纹理特征。在每个空间分辨率尺度上，分别构建基于单独光谱特征、基于单独纹理特征、基于光谱和纹理特征相结合的三种特征集。基于三种特征集，利用 RF 机器学习算法对每一尺度影像进行分类和精度评价，分析在覆膜种植农田遥感识别中纹理特征（空间特征）的贡献及空间分辨率对覆膜种植农田识别精度的影响。

（1）识别精度

利用覆膜种植农田总体精度（Overall Accuracy，OA）、制图精度（Producer's Accuracy，PA）和用户精度（User's Accuracy，UA）来评价识别精度。冀州市覆膜种植农田遥感识别精度如表 3.3 所示，原州区覆膜种植农田遥感识别精度如表 3.4 所示，从表中可以看出，覆膜种植农田遥感识别精度因不同空间分辨率、不同特征、不同研究区而存在较大差异。

表 3.3　基于 GF-1 数据的冀州市覆膜种植农田识别精度（%）

空间分辨率	光谱特征			纹理特征			光谱和纹理特征		
	OA	PA	UA	OA	PA	UA	OA	PA	UA
2m	90.87	88.02	86.75	93.82	90.03	92.56	94.25	90.72	93.56
4m	90.84	88.13	87.86	94.34	90.77	93.08	95.16	90.85	93.89
6m	90.89	88.03	87.78	95.95	90.85	93.23	96.05	90.99	94.22
8m	91.01	88.30	88.59	94.00	89.08	93.58	94.33	88.82	93.17
10m	91.16	88.16	88.54	93.96	88.56	91.38	94.28	88.62	92.90
12m	90.92	88.23	87.95	93.59	90.45	90.02	93.93	90.37	91.75
14m	90.81	88.21	87.51	94.11	88.29	89.93	94.37	88.81	91.09
16m	90.73	87.45	87.15	92.42	89.43	87.23	92.92	89.97	89.48
18m	91.10	88.08	88.13	93.76	89.61	89.16	94.63	90.27	91.88
20m	91.10	88.06	87.85	92.10	89.28	85.95	93.01	91.70	88.36
22m	90.55	88.05	88.38	91.55	86.67	84.44	93.14	87.80	87.69

（续）

空间分辨率	光谱特征			纹理特征			光谱和纹理特征		
	OA	PA	UA	OA	PA	UA	OA	PA	UA
24m	90.34	88.01	88.13	89.78	85.78	84.49	90.49	86.70	86.83
26m	89.54	83.71	87.82	89.94	86.83	81.07	91.56	88.39	84.30
28m	90.12	87.37	86.83	89.43	89.65	82.16	90.89	91.10	85.60
30m	90.20	87.17	87.35	89.34	86.04	84.46	90.79	87.08	87.27
32m	89.28	85.07	85.29	88.55	86.67	83.55	89.50	87.47	84.10
34m	89.74	86.09	84.89	87.54	85.13	81.79	91.65	87.76	86.25
36m	89.68	86.45	87.73	89.97	87.91	84.81	90.34	89.38	85.02
38m	88.15	85.98	84.07	86.31	84.47	81.09	89.00	85.98	82.85
40m	88.76	86.50	85.56	84.90	83.21	79.17	85.38	83.58	81.79
50m	87.23	87.06	80.12	82.69	82.88	78.06	84.62	82.88	80.13
60m	87.02	87.12	80.22	79.30	85.19	75.82	87.17	85.19	79.31
70m	81.90	85.51	77.63	75.86	79.71	73.33	79.31	81.16	72.73
80m	81.65	80.95	66.67	74.53	71.43	55.56	77.53	76.19	60.38
90m	77.92	84.62	72.13	71.25	74.62	67.69	75.83	86.54	69.23
100m	71.34	72.86	79.59	66.49	78.57	71.74	66.49	78.57	71.74
150m	63.02	59.09	44.83	50.65	41.00	66.67	52.65	47.00	66.67
200m	54.39	50.00	63.64	34.82	42.86	46.15	38.60	42.86	66.67
250m	30.77	20.00	25.00	28.21	16.67	20.00	28.21	16.67	20.00

表 3.4　基于 GF-1 数据的原州区覆膜种植农田识别精度（%）

空间分辨率	光谱特征			纹理特征			光谱和纹理特征		
	OA	PA	UA	OA	PA	UA	OA	PA	UA
2m	82.67	86.88	82.64	87.50	86.68	90.05	88.66	87.76	90.43
4m	82.69	86.96	82.78	87.57	86.74	90.12	88.70	87.89	90.55
6m	82.79	87.10	82.86	87.62	86.84	90.30	88.79	88.19	90.61
8m	82.21	86.67	82.39	88.44	87.97	90.38	88.82	88.32	90.69
10m	82.27	86.22	81.55	88.60	87.16	90.13	89.16	87.50	90.87
12m	81.84	86.89	81.41	89.01	88.58	90.76	89.51	88.74	90.92
14m	81.96	86.33	81.97	88.01	87.77	90.47	88.55	87.84	90.54
16m	81.63	86.51	79.83	87.10	86.23	86.07	88.20	87.44	87.81
18m	81.54	85.81	81.70	87.33	86.10	87.37	88.33	87.21	89.19
20m	81.25	85.97	79.48	86.17	87.16	84.70	87.36	88.34	86.36
22m	80.95	85.24	80.63	85.55	83.53	86.33	86.68	85.24	87.33

（续）

空间分辨率	光谱特征			纹理特征			光谱和纹理特征		
	OA	PA	UA	OA	PA	UA	OA	PA	UA
24m	80.57	85.94	80.07	86.98	86.83	85.73	88.03	88.42	88.15
26m	80.87	84.21	81.67	86.23	84.57	85.18	87.32	85.65	87.32
28m	80.24	85.77	77.33	84.57	82.18	81.28	86.24	85.08	84.50
30m	80.33	85.35	80.06	84.11	82.68	83.47	85.76	85.67	86.21
32m	80.39	83.76	78.06	84.79	84.49	80.10	86.01	85.58	83.16
34m	78.34	81.01	78.28	83.13	82.95	84.09	84.68	82.75	86.44
36m	79.07	83.44	77.78	81.89	80.79	77.54	83.81	85.65	81.00
38m	78.46	79.85	75.71	82.00	80.60	81.20	83.78	84.33	83.91
40m	78.45	79.15	79.35	81.38	79.15	77.59	82.90	79.15	81.19
50m	76.87	81.30	79.05	77.04	76.02	75.40	80.00	84.96	78.87
60m	72.52	73.17	67.16	72.52	72.36	72.36	74.46	72.36	72.36
70m	72.71	73.02	69.70	72.86	71.43	72.58	74.73	72.22	73.39
80m	71.47	71.43	66.67	69.22	72.45	59.17	72.29	75.51	64.35
90m	67.61	58.44	64.29	64.77	45.45	56.45	69.16	58.44	65.22
100m	67.08	61.76	66.67	68.17	61.76	62.69	70.65	66.18	70.31
150m	62.76	43.45	25.00	61.72	44.83	43.33	62.76	41.38	52.17
200m	53.44	40.33	50.12	51.32	22.73	31.25	54.50	27.27	54.55
250m	54.21	7.69	25.00	57.94	15.38	36.67	58.88	23.08	30.78

对于冀州市覆膜种植农田遥感识别精度来讲，基于光谱特征的 OA 在空间分辨率为10m 时达到最高，最高识别精度为 91.16%；PA、UA 分别在空间分辨率为 8m 时达到最高，最高识别精度分别为 88.30% 和 88.59%。基于纹理特征的 OA 在空间分辨率为 6m 时达到最高，最高识别精度为 95.95%；PA、UA 分别在空间分辨率为 6m 和 8m 时达到最高，最高识别精度分别为 90.85% 和 93.58%。基于光谱和纹理相结合特征的 OA、PA、UA 都在空间分辨为 6m 时达到最高，最高识别精度分别为 96.05%、90.99% 和 94.22%。

对于原州区覆膜种植农田遥感识别精度来讲，基于光谱特征的 OA、PA、UA 都在空间分辨度为 6m 时达到最高，最高识别精度分别为 82.79%、87.10% 和 82.86%。基于纹理特征的 OA 在空间分辨率为 12m 时达到最高，最高识别精度为 89.01%；PA、UA 分别在空间分辨率为 12m 和 8m 时达到最高，最高识别精度分别为 88.58% 和 90.38%。基于光谱和纹理特征相结合的 OA、PA、UA 都在空间分辨率为 12m 时达到最高，最高识别精度分别为 89.51%、88.74% 和 90.92%。

总体上，空间分辨率低于 30m 时，基于单独纹理特征的识别精度要高于基于单独光谱特征的识别精度；而空间分辨率超过 30m 时，基于光谱特征的识别精度高于基于纹理特征的识别精度。空间分辨率较高时，光谱特征和纹理特征相结合在一定程度上能够提高识别精度。当空间分辨率高于 30m 时，纹理特征的引入有助于提高识别精度；而空间分辨率低于30m时，纹理特征的引入不仅不能提高识别精度，反而会降低识别精度。

（2）识别精度变化分析

覆膜种植农田遥感识别精度随着空间分辨率的变化而变化，如图3.8和图3.9所示。从图中可以看出，空间分辨率从2m到250m时，覆膜种植农田OA、PA、UA都在逐渐降低。然而，在不同特征、不同研究区和不同空间分辨率间的变化情况有所不同。

对于原州区来讲（图3.8），当空间分辨率从2m至32m时，基于光谱特征的OA、PA、UA分别降低1.59%、2.95%和1.46%；基于纹理特征的OA、PA、UA分别降低5.27%、3.36%和9.01%；而基于光谱和纹理特征相结合的OA、PA、UA分别降低4.75%、3.25%和9.46%。当空间分辨率从32m至100m时，基于光谱特征的OA、PA、UA分别降低17.94%、12.21%和5.70%；基于纹理特征的OA、PA、UA分别降低22.07%、8.10%和11.81%；而基于光谱和纹理特征相结合的OA、PA、UA分别降低23.02%、8.10%和12.36%。当空间分辨率从100m至250m时，基于光谱特征的OA、PA、UA分别降低40.57%、52.86%和54.59%；基于纹理特征的OA、PA、UA分别降低38.28%、61.90%和51.74%；基于光谱和纹理特征相结合的OA、PA、UA分别降低38.28%、61.90%和51.74%。当空间分辨率从2m至250m时，基于光谱特征的OA、PA、UA分别降低60.10%、68.02%和61.75%；基于纹理特征的OA、PA、UA分别降低65.61%、73.36%和72.56%；基于光谱和纹理特征相结合的OA、PA、UA分别降低66.04%、74.05%和73.56%。

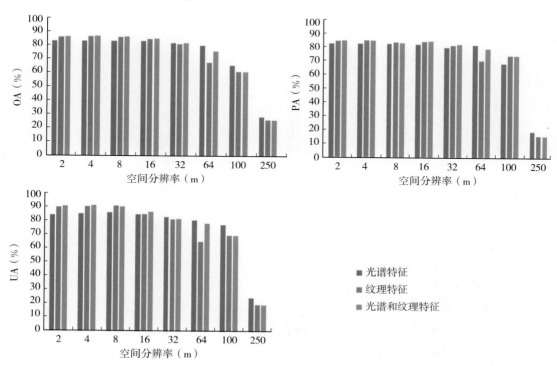

图3.8　冀州市覆膜种植农田识别精度随空间分辨率的变化

对于原州区来讲（图 3.9），当空间分辨率从 2m 至 32m 时，基于光谱特征的 OA、PA、UA 分别降低 2.34%、1.53% 和 2.58%；基于纹理特征的 OA、PA、UA 分别降低 3.39%、4.00% 和 6.58%；基于光谱和纹理特征相结合的 OA、PA、UA 分别降低 2.90%、2.09% 和 4.22%。当空间分辨率从 32m 至 100m 时，基于光谱特征的 OA、PA、UA 分别降低 13.25%、23.59% 和 13.39%；基于纹理特征的 OA、PA、UA 分别降低 15.94%、20.92% 和 20.78%；而基于光谱和纹理特征相结合的 OA、PA、UA 分别降低 15.11%、19.49% 和 15.90%。当空间分辨率从 100m 至 250m 时，基于光谱特征的 OA、PA、UA 分别降低 12.88%、54.07% 和 41.67%；基于纹理特征的 OA、PA、UA 分别降低 10.22%、46.38% 和 26.02%；基于光谱和纹理特征相结合的 OA、PA、UA 分别降低 11.77%、43.10% 和 39.53%。当空间分辨率从 2m 至 250m 时，基于光谱特征的 OA、PA、UA 分别降低 28.46%、79.19% 和 57.64%；基于纹理特征的 OA、PA、UA 分别降低 29.55%、71.30% 和 53.38%；基于光谱和纹理特征相结合的 OA、PA、UA 分别降低 29.78%、64.68% 和 59.65%。当空间分辨率从 2m 至 250m 时，基于纹理特征的识别精度变化幅度要大于基于光谱特征的识别精度变化幅度。当空间分辨率从 2m 至 32m 时，精度变化幅度最小，越往后越大。空间分辨率较高时基于纹理特征的识别精度要高于基于光谱特征的识别精度，而且基于较高空间分辨率影像的光谱和纹理特征相结合的识别效果明显优于利用单独光谱特征或利用单独纹理特征的识别效果。因此，可以得出纹理特征的空间分辨率依赖性要大于光谱特征的空间依赖性。

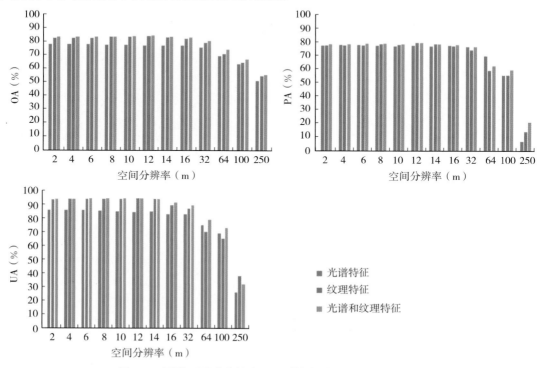

图 3.9　原州区覆膜种植农田识别精度随空间分辨率的变化

（3）覆膜种植农田空间分布

基于 GF-1 卫星不同空间分辨率数据获得的冀州市和原州区覆膜种植农田空间分布如图 3.10 和图 3.11 所示，图中以空间分辨率为 6m、64m、100m 和 250m 的结果为例展示了部分内容。从图 3.10 中可以看出，冀州市覆膜种植农田集中分布在中部地区，离散分布在南部和北部地区。基于不同特征和不同空间分辨率数据获取的结果之间存在显著差异。基于光谱特征的识别结果包含着较多的错分情况，而基于纹理特征的识别结果包含着较多的漏分现象，光谱和纹理特征相结合的时候错分和漏分情况都得到一定程度的减轻。因此，基于光谱和纹理特征相结合获取的覆膜种植农田空间结构比较明显且与实际分布情况相符。随着空间分辨率的降低，覆膜种植农田空间分布具有扩大的趋势，即错分率或漏分率越来越严重。基于纹理特征的错分率更加严重，基于光谱和纹理特征相结合的识别结果中漏分率也较为严重。

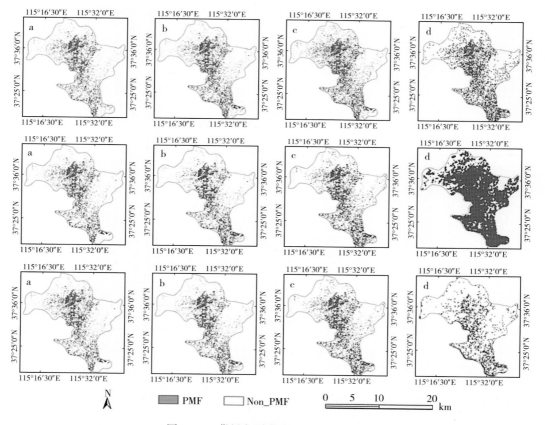

图 3.10　冀州市覆膜种植农田空间分布

注：第一、二、三行分别表示基于光谱特征、纹理特征、光谱和纹理特征相结合的识别结果，a、b、c、d 分别表示空间分辨率为 6m、64m、100m、250m。图 3.11 同。

从原州区覆膜种植农田空间分布图（图 3.11）可以发现，原州区覆膜种植农田分布比较分散，分散分布于整个研究区，其分布特征和随空间分辨率的变化规律与冀州市的情况相似，空间分辨率降低时会出现错分和漏分现象且变得更加严重。

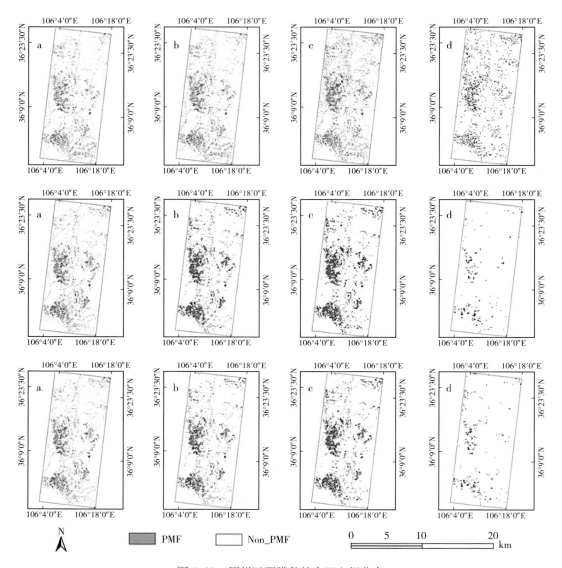

图 3.11　原州区覆膜种植农田空间分布

第四节　分析与讨论

一、覆膜种植农田遥感识别有效尺度与最高识别精度之间的关系分析

为了验证局部方差法得到的覆膜种植农田识别有效空间分辨率的有效性，对比分析了之前局部方差法得到的有效空间分辨率和 RF 方法得到的最高识别精度的空间分辨率

（表 3.5），发现两者之间存在一定比例关系，即冀州市最高识别精度的空间分辨率是局部方差法得到的有效空间分辨率的 1/2，原州区最高识别精度的空间分辨率是局部方差法得到的有效空间分辨率的 2/3。

表 3.5　基于不同特征的最高识别精度对应的空间分辨率（m）

空间分辨率	冀州市			原州区		
	OA	PA	UA	OA	PA	UA
光谱特征	10	8	8	6	6	6
纹理特征	6	6	8	12	12	12
光谱和纹理特征	6	6	6	12	12	12

该结果与已有研究结果基本上保持一致，在不同地物类型的研究中存在一定差异。Nijland 等（2009）的自然植物制图空间分辨率优选研究指出，局部方差法是可以用来确定植被制图最优空间分辨率的，优化空间分辨率精度能提高 7%～17%。Coops（2000）利用局部方差法预测森林空间格局发现，利用高空间分辨率可以预测树的冠层尺度的格局。Lottering 等（2016）利用局部方差法进行森林落叶程度监测空间分辨率优化研究，结果发现不同落叶程度的最优空间分辨率不同，并且发现适宜的空间分辨率在 1/2 的最佳空间分辨率。所以局部方差法是地物遥感监测有效空间分辨率优选的有效方法，然而最高识别精度因不同数据、不同特征、不同研究区而不同。

二、覆膜种植农田遥感识别精度变化原因分析

在本研究中发现覆膜种植农田遥感识别精度有随着空间分辨率的降低而降低的趋势。一般来讲，所识别地物的地块大小、形状和分布格局是地物遥感识别精度随着空间分辨率变化的主要影响因素。相比于狭长条带分布的地物，连片大面积分布的地物对遥感数据空间分辨率的变化具有较强的抵抗性。地块小、破碎分布的地物在低空间分辨率影像中容易被丢失或被错分到其他地物类型。

冀州市和固原市这两个研究区为我国主要的农业生产区域。相比于其他国家农田如美国，我国农田地块较小、分布破碎、分布面积较广。覆膜种植农田地块也较小，一般长度为 100～150m、宽度为 10～20m，在较窄的宽度内覆膜种植农田与裸土或其他非覆膜种植作物的间/套作现象比较普遍，如图 3.12 所示。因此，本研究中地块大小和形状是引起覆膜种植农田遥感识别精度随着空间分辨率变化的主要因素。而空间分辨率很高时光谱特征包含过详细的信息，使类内差异变大，导致同物异谱现象，从而影响识别精度。而纹理特征在一定程度上减轻了这种胡椒效应，能够突出空间结构特征，从而降低类内差异和提高类间差异，进而提高识别精度。随着空间分辨率的降低其空间结构特征逐渐被丢失，混合像元问题逐渐加剧，纹理特征的贡献也逐渐降低。

图 3.12　覆膜种植农田照片和影像

注：a 为播种期的覆膜种植农田，b 为出苗期的覆膜种植农田，c 为 GF-1 影像上的覆膜种植农田与裸土，d 为 GF-1 影像上的覆膜种植农田与作物。

三、覆膜种植农田遥感识别精度显著性分析

为了解释所得到结果的稳定性和可靠性，利用样本大小、识别精度和正态分布等因素对最高识别精度的可信区间进行了分析。利用公式（3.3）在 99% 的可信水平（$z_{a/2}$ 取值为 2.58）上计算最高识别精度的可信区间（Gerald Keller，2011）。

$$A \pm z_{\frac{a}{2}} \sqrt{\frac{A(1-A)}{n}} \tag{3.3}$$

其中，A 为精度，n 为样本大小，$z_{a/2}$ 为可信区间。

对于冀州市来讲，基于光谱特征的最高 OA 的可信区间在 89.87%～94.15%，基于纹理特征的最高 OA 的可信区间在 93.88%～98.03%，而基于光谱和纹理特征相结合的最高 OA 的可信区间在 94.00%～98.10%。因此，在 2～30m 的基于光谱特征的 OA，在最高识别精度的可信区间之内；在 2～10m 的基于纹理特征、基于光谱和纹理特征相结合的 OA，在最高识别精度的可信区间之内。因此，基于光谱特征的识别精度在 2～30m 变化不显著，之后的变化越来越显著；基于纹理特征、基于光谱和纹理特征相结合的识别精度在 2～10m 的变化不显著，10m 之后精度变化越来越显著。

对于原州区来讲，基于光谱特征的最高 OA 的可信区间在 80.49%～87.66%、基于纹理特征的识别精度的可信区间在 85.59%～92.08%、基于光谱和纹理特征相结合的最高 OA 的可信区间在 87.51%～92.51%。因此，在 2～26m 基于光谱特征的识别精度变化不显著，在 2～20m 基于纹理特征、基于光谱和纹理特征相结合的识别精度变化不显著。

随着空间分辨率的降低，精度变化越来越显著。因此，我国华北地区和黄土高原地区覆膜种植农田遥感识别数据应为高空间分辨率或中空间分辨率，如 GF‐1/2 卫星、HJ 卫星或 Landsat 系列卫星等。然而，在不同研究区和不同特征之间存在一定差异，原因可归于土地覆盖/土地利用类型、农业生产方式及数据质量。冀州市土地覆盖/土地利用类型较简单、空间分布较均一，而原州区土地覆盖/土地利用类型较复杂、地物分布较破碎。此外，由于地理位置、气候类型和地形地貌条件不同，两个研究区同一时间段获取的数据质量有所不同。

四、覆膜种植农田遥感识别纹理特征计算参数的影响分析

在研究中发现，空间分辨率足够高的时候基于纹理特征的识别精度要高于同一空间分辨率上的基于光谱特征的识别精度，且将光谱特征与纹理特征进行结合能够显著提高识别精度。然而，纹理特征的提取也受纹理特征滑动计算窗口大小、移动步长、计算方向等参数的影响，其中计算窗口的选择对基于纹理特征的分类具有较大影响。前人的研究发现纹理特征计算窗口因不同地物类型而不同。理论上，每一种地物应该有其最有效的计算窗口。为了进一步探讨纹理特征计算窗口对覆膜种植农田遥感识别精度的影响，本研究基于 GF‐1 卫星 8m 融合影像，分别设置了 3×3、5×5、7×7、9×9、11×11、13×13、15×15 像元的计算窗口提取纹理特征，建立基于单独纹理特征、基于光谱和纹理特征相结合的特征集。利用 RF 机器学习算法进行分类，并进行精度评价。对比分析纹理特征不同计算窗口对识别精度的影响，结果表明，在不同计算窗口上提取的不同纹理特征值不同，对识别精度有所影响，但并不很明显，如表 3.6 所示。总体上，随着计算窗口的增加，覆膜种植农田识别 OA 是先增加后降低的趋势。PA 和 UA 也具有相似的变化规律，但是相比 OA 其波动较大。

表 3.6　基于不同计算窗口纹理特征（光谱和纹理特征）的识别精度

计算窗口（像元）	OA（%）	PA（%）	UA（%）	Kappa 系数
3×3	94.00（94.33）	89.08（88.82）	91.58（93.17）	0.92（0.93）
5×5	94.70（95.00）	88.45（88.67）	93.21（94.06）	0.93（0.94）
7×7	94.85（95.23）	88.13（88.86）	93.00（93.91）	0.93（0.94）
9×9	94.98（95.47）	88.31（88.98）	92.72（94.10）	0.93（0.94）
11×11	94.92（95.69）	88.45（89.55）	92.09（93.97）	0.93（0.94）
13×13	94.69（95.61）	88.06（89.20）	91.52（93.54）	0.93（0.94）
15×15	94.23（95.44）	87.35（88.62）	90.43（93.35）	0.93（0.94）

基于单独纹理特征的 OA 在 9×9 像元计算窗口时达最高（94.98%），PA 在 3×3 像元计算窗口上达最高（89.08%），UA 在 5×5 像元计算窗口上达最高（93.21%）。基于不同计算窗口上纹理特征的分类，最高 OA 和最低 OA 之间相差 0.97 个百分点，PA 相差 1.73 个百分点，UA 相差 1.63 个百分点。而基于光谱和纹理特征相结合的 OA 在 11×11

像元计算窗口时达最高（95.69%），PA 在 11×11 像元计算窗口上达最高（89.55%），UA 也在 9×9 像元计算窗口上达最高（94.10%）。基于不同计算窗口上光谱和纹理特征的分类，最高和最低 OA 之间相差 1.36 个百分点，PA 相差 0.93 个百分点，UA 相差 0.93 个百分点。Rodriguez-Galiano 等（2012）建议小窗口计算纹理特征能更好描述空间异质性较大的地物，而较大的纹理特征计算窗口更能刻画均一性较好的地物。纹理特征计算窗口的选择与数据空间分辨率和地物的空间格局有关。除此以外，本研究在 8m 空间分辨率尺度上，分别设 0°、45°、90°、135°四个方向，提取 8 种纹理特征，并利用 RF 算法进行分类。结果表明，在 8m 的空间分辨率尺度上，不同计算方向提取的纹理特征值不同，但对识别精度的影响并不大。

五、覆膜种植农田遥感识别纹理特征类型分析

为了确定哪一种或哪几种纹理特征对覆膜种植农田遥感识别更有效，本研究以在 11×11 像元的计算窗口、45°计算方向、1 个像元计算步长上提取的纹理特征为输入特征，进行覆膜种植农田识别研究，分析不同纹理特征的识别能力。首先，利用单个波段的纹理特征与光谱特征相结合进行分类，并评价识别精度，根据识别精度确定识别精度最高的波段。再利用该波段上的每一种纹理特征进行分类，同样根据识别精度确定高识别精度对应的纹理特征类型。根据不同波段的识别精度（表 3.7），能看出不同波段之间差异并不明显。综合考虑 OA、PA、UA，最终可以选择近红外波段为最有效波段。其次，利用从近红外波段上的不同纹理特征进行覆膜种植农田遥感识别研究，对比分析不同纹理特征的识别精度，从表 3.8 可以看出基于不同纹理特征的识别精度之间存在一定差异，其中均值纹理特征、异质性纹理特征和均一性纹理特征的表现优于其他纹理特征。均值纹理特征代表纹理特征的规则性，异质性代表灰度变化程度，均一性代表灰度分布的平滑程度。覆膜种植农田是一种人造地物类型，其分布具有规则性（一般为长方形），其均值纹理特征较为明显。另外，为了避免大暴雨时引起内涝，覆膜种植农田与非覆膜种植农田在一定距离内间隔分布。因此，覆膜种植农田与非覆膜种植农田在影像上灰度值的变化较明显。此外，塑料薄膜覆盖一定程度上减少表面粗糙度，而且覆膜种植农田是由一行地膜一行裸土间隔分布形成，因此其均一性不同于其他地物。覆膜种植农田均值纹理特征、异质性纹理特征和均一性纹理特征在影像上的表现如图 3.13 所示，从图中也能看出它们明显的差异。

表 3.7 基于不同波段光谱和纹理特征的识别精度

波段	OA（%）	PA（%）	UA（%）	Kappa 系数
蓝光波段	95.40	89.86	94.09	0.94
绿光波段	95.33	89.52	94.37	0.94
红光波段	95.63	92.05	87.23	0.94
近红外波段	95.45	90.37	94.52	0.94

表 3.8　基于近红外波段不同纹理特征的识别精度

纹理特征	OA（%）	PA（%）	UA（%）	Kappa 系数
均值	92.34	90.45	93.28	0.90
方差	91.29	88.09	89.66	0.89
均一性	94.30	88.98	93.28	0.93
对比度	92.26	88.55	90.45	0.90
异质性	94.16	89.01	93.46	0.92
熵	93.70	88.33	92.60	0.92
角二阶矩	93.48	88.11	92.00	0.92
相关性	91.19	88.03	88.42	0.89

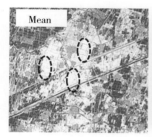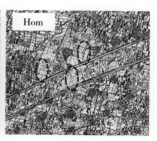

图 3.13　覆膜种植农田不同纹理特征示意

注：Mean 为均值纹理特征，Dis 为异质性纹理特征，Hom 为均一性纹理特征，椭圆形里为覆膜种植农田。

纹理特征也会受到数据光谱规格（如波段设计、光谱分辨率等）的影响，而且影像分辨率越高其处理过程耗时越长。所以，在能满足精度要求的前提下，尽可能选用较低分辨率影像是提高运算效率的一种方式。纹理特征的贡献不仅受数据空间分辨率的影响，也会受研究对象、研究地区的影响。本研究的研究区是我国典型的农业区，其很重要的特点是地块小、破碎度高，这对数据空间分辨率的要求更高。如果研究对象是连片覆盖的大片森林或草原地区，空间分辨率低于 30m 影像的纹理特征也有可能得到较高识别精度。而对于纹理特征不明显的地物类型，纹理特征的引入不仅不能提高精度，而且处理耗时更长，也有可能降低识别精度。

第五节　本章小结

覆膜种植农田遥感识别有效空间尺度和尺度范围研究对区域尺度覆膜种植农田制图具有重要意义。本章基于国产 GF-1 卫星 PMS1/2 数据，采用局部方差法开展覆膜种植农田遥感识别空间尺度效应研究。为了验证该方法的实际应用效果，在不同空间尺度上建立基于光谱特征、纹理特征、光谱和纹理特征相结合的特征集，分别开展了覆膜种植农田遥感识别尺度效应研究，并对局部方差法得到的有效空间分辨率和 RF 方法得到的最高识别精度空间分辨率之间进行了对比分析，从而得出如下结论：

第一，局部方差法得到的冀州市和原州区覆膜种植农田遥感识别有效空间尺度在 8～20m，而且该有效空间尺度范围和最高识别精度的空间尺度之间存在一定比例关系，即最高识别精度的空间尺度在局部方差法得到的有效空间尺度的 1/2 或 2/3 位置。

第二，国产 GF - 1 卫星 PMS1/2 数据能为覆膜种植农田遥感识别提供有效的光谱和纹理特征，在冀州市最高 OA 能达到 96.05%，在原州区最高 OA 能达到 89.51%。

第三，覆膜种植农田识别精度随着空间分辨率的降低而降低，不同特征的降低程度有所不同，其中纹理特征对空间尺度的依赖性大于光谱特征。影像分辨率越高，纹理特征的贡献越大。均值纹理特征、异质性纹理特征和均一性纹理特征的表现优于其他类型的纹理特征。

第四，通过精度变化的显著性分析，得出基于光谱特征的识别精度在 2～30m 的变化不显著，基于纹理特征的识别精度在 2～10m 的变化不显著，基于光谱和纹理特征相结合的识别精度在 2～20m 的变化不显著。因此，可总结出如果制图目的不是单方面追求最高识别精度，那么 GF - 1/2、HJ、哨兵 - 1/2、Landsat 等高中空间分辨率卫星数据能够满足我国华北平原和黄土高原地区覆膜种植农田遥感识别需求。

第四章　基于中分辨率光学遥感数据的覆膜种植农田遥感识别

　　由于 Landsat 卫星系列数据的空间分辨率、波段设计及重放周期等的适宜性，其应用非常广泛。从土地利用/土地覆盖分类、地物类型信息提取到地表参数定量反演都有 Landsat 数据的成功应用案例。

　　地膜覆盖在某一时间段内逐渐完成，开始覆膜到覆膜完成一般需要 10～30 天不等。在河北省冀州市基本上从 3 月中下旬至 4 月中旬进行地膜覆盖，而在宁夏地区地膜覆盖有秋季覆膜、早春覆膜、播前覆膜等不同覆膜时间。覆膜种植农田的遥感特征随着覆膜作物的物候期而发生变化，在不同时间段的覆膜种植农田识别遥感特征不同，所以覆膜种植农田遥感识别特征应当在某一期（10 天、半个月或 1 个月）内进行优化、确定最佳识别时间窗口、时相优化组合及优化特征组合。然而，目前的覆膜种植农田遥感识别特征基本上仅限于利用光谱特征，其他能够体现覆膜种植农田的遥感特征（如空间结构特征）尚未得到充分利用。本章的主要目标，一方面是挖掘 Landsat-8 OLI 和 TIRS 数据在覆膜种植农田识别中的潜力，另一方面是解决覆膜种植农田遥感识别最佳时间窗口、优化特征、最佳时相组合问题。

第一节　研究区及数据

一、研究区及数据介绍

　　本章以河北省冀州市和宁夏回族自治区固原市原州区为研究区开展基于多时相 Landsat-8 数据的覆膜种植农田遥感识别研究，所利用的数据包括 Landsat-8 和 GF-1 卫星数据。河北省冀州市五期 Landsat-8（Path 114/Row 27）影像分别于 2015 年 4 月 16 日、5 月 18 日、6 月 3 日、6 月 19 日和 7 月 5 日获取，如表 4.1 所示。宁夏回族自治区固原市原州区五期 Landsat-8 影像分别于 2015 年 4 月 26 日、5 月 12 日、6 月 13 日、7 月 15 日和 7 月 31 日获取，如表 4.2 所示。对所收集的 Landsat-8 OLI 影像进行辐射定标、大气校正、裁剪等预处理。对多时相 Landsat-8 TIRS 数据转换成亮温数据并进行归一化处理，以便与其他数据相匹配。

表 4.1 冀州市多时相 Landsat-8 数据信息

序号	卫星/传感器	日期	空间分辨率
1	Landsat-8 OLI/TIRS	2015 年 4 月 16 日	30m/100m
2	Landsat-8 OLI/TIRS	2015 年 5 月 18 日	30m/100m
3	Landsat-8 OLI/TIRS	2015 年 6 月 3 日	30m/100m
4	Landsat-8 OLI/TIRS	2015 年 6 月 19 日	30m/100m
5	Landsat-8 OLI/TIRS	2015 年 7 月 5 日	30m/100m

表 4.2 原州区多时相 Landsat-8 数据信息

序号	卫星/传感器	日期	空间分辨率
1	Landsat-8 OLI/TIRS	2015 年 4 月 26 日	30m/100m
2	Landsat-8 OLI/TIRS	2015 年 5 月 12 日	30m/100m
3	Landsat-8 OLI/TIRS	2015 年 6 月 13 日	30m/100m
4	Landsat-8 OLI/TIRS	2015 年 7 月 15 日	30m/100m
5	Landsat-8 OLI/TIRS	2015 年 7 月 31 日	30m/100m

为了辅助采集正方形样本，本研究利用高空间分辨 GF-1 卫星 PMS1/2 数据。冀州市 GF-1 卫星数据包括两景 2015 年 5 月 5 日获取的影像数据和两景 2015 年 6 月 11 日获取的影像数据。原州区 GF-1 卫星数据包括两景 2015 年 4 月 8 日获取的影像数据。对 GF-1 影像数据进行辐射定标、大气校正、正射矫正和几何校正。

二、地面样本数据

两个研究区实地调查样本数据如表 2.5 和表 2.6 所示。

三、技术路线

本章总体的技术路线如图 4.1 所示，包括数据收集、数据处理、特征提取、特征优化、覆膜种植农田遥感识别及精度评价等。

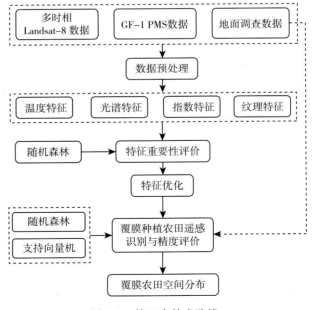

图 4.1 第四章技术路线

第二节　覆膜种植农田遥感识别特征提取

覆膜种植农田的光谱反射特征随着覆膜种植作物物候历的推移而发生变化。因此，其遥感识别有效性很大程度上取决于覆膜种植作物的物候期，当地面完全被植被覆盖时覆膜种植农田遥感特征表现为植被的遥感特征，此时的覆膜种植农田不易进行遥感识别。地物类型遥感识别中地物独有的特征扮演着重要角色。然而，覆膜种植农田遥感识别通用特征尚未明确，有待进一步研究。因此，基于多时相遥感数据，开展覆膜种植农田遥感识别通用特征优选与特征集构建具有重要意义。

一、覆膜种植农田光谱可分离性分析

利用样本数据在多时相 Landsat - 8 OLI 影像上提取不同地物的反射率均值，进行覆膜种植农田与其他地物类型之间的可分离性分析。

从冀州市和原州区不同地物类型可分离性图（图 4.2 和图 4.3）可以看出，不同时期覆膜种植农田光谱反射特征明显不同，并存在与其他地物之间的混淆，其可分离性较弱。

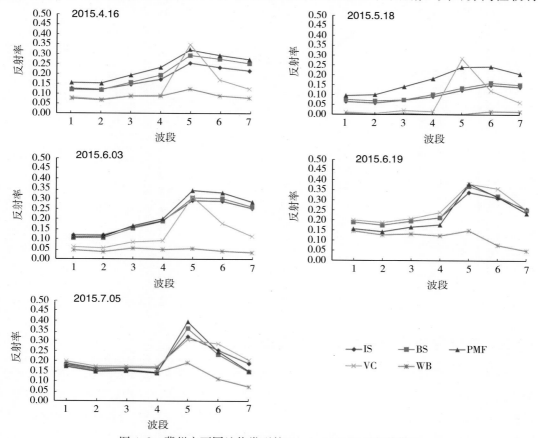

图 4.2　冀州市不同地物类型的 Landsat - 8 OLI 光谱曲线

在作物整个生长季，覆膜种植农田与裸土和不透水层之间的混淆比较严重。而在作物生长后期，其与植被覆盖区的混淆比较严重。这是由于地膜是由聚乙烯组成的白色或半透明的无极化热塑性塑料，其光谱特征严重受土壤光谱的影响。所以，在覆膜初期，覆膜种植农田的光谱反射率曲线形状与土壤的光谱反射率曲线形状相近。但覆膜种植农田的亮度、光滑度高于土壤，其反射率值高于土壤的反射率值。而在后期，地膜覆盖作物已经覆盖地面，其特征表现为植被的特征，因此与植被的混淆比较严重。覆膜种植农田在可见光和近红外波段上的可分性较好，但是覆膜种植农田、裸土、不透水层之间存在混淆现象。在短波红外波段，覆膜种植农田与裸土的可分离性弱，但是其他类型之间的可分离性较好。

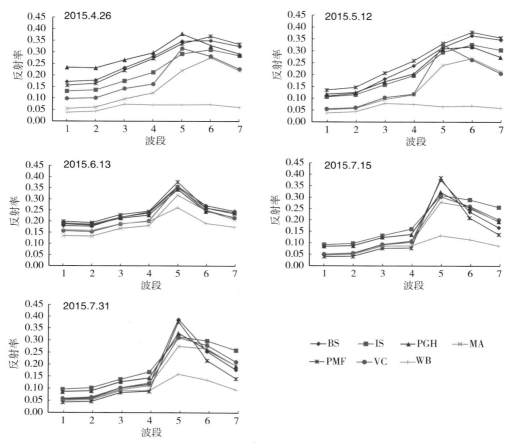

图 4.3　原州区不同地物类型的 landsat－8 OLI 光谱曲线

二、覆膜种植农田遥感识别特征提取

为了突出覆膜种植农田的遥感特征并增加与其他地物之间的可分离性，本研究基于 Landsat－8 OLI 和 TIRS 影像数据，提取了光谱特征、纹理特征、指数特征、温度特征 4 组特征，如表 4.3 所示。其中，光谱特征包括每一波段反射率、每一波段反射率的一阶导数和二阶导数等共 21 个特征。纹理特征包括 7 个波段上提取的均值、方差、对比度、均一性、异质性、熵、角二阶矩和相关性 8 个常用纹理特征。指数特征包括通过缨帽变换（Tasselled Cap Transformation，TCT）获取的亮度指数、绿度指数、湿度指数、归一化建筑物指数、归一化植被指数。温度特征包括 2 个热红外波段 TIR_1 和 TIR_2 生成的亮温数据。每个单时相 Landsat - 8 影像上共提取 84 个特征，5 个时相影像上共提取 420 个特征。

表 4.3　覆膜种植农田识别的全部特征

特征类型	说明	特征中文名称	特征英文名称	英文名称简称
光谱特征	反射率	海岸带波段	Coastal aerosol	CA
		蓝光波段	Blue	B
		绿光波段	Green	G
		红光波段	Red	R
		近红外波段	NIR	NIR
		短波红外 - 1	SWIR 1	SWIR1
		短波红外 - 2	SWIR 2	SWIR2
	反射率一、二阶导数	海岸带波段一、二阶导数	1st/2nd Derivative Coastal Aerosol	CA_1/2
		蓝光波段一、二阶导数	1st/2nd Derivative Blue	B_1/2
		绿光波段一、二阶导数	1st/2nd Derivative Green	G_1/2
		红光波段一、二阶导数	1st/2nd Derivative Red	R_1/2
		近红外波段一、二阶导数	1st/2nd Derivative NIR	NIR_1/2
		短波红外 - 1 波段一、二阶导数	1st/2nd Derivative SWIR 1	SWIR1_1/2
		短波红外 - 2 波段一、二阶导数	1st/2nd Derivative SWIR 2	SWIR2_1/2
纹理特征	7 个波段上提取的 8 个纹理特征	均值	Mean	Mea_CA/B/G/R/NIR/SWIR1/SWIR2
		方差	Variance	Var_CA/B/G/R/NIR/SWIR1/SWIR2
		对比度	Contrast	Con_CA/B/G/R/NIR/SWIR1/SWIR2
		均一性	Homogeneity	Hom_CA/B/G/R/NIR/SWIR1/SWIR2
		异质性	Dissimilarity	Dis_CA/B/G/R/NIR/SWIR1/SWIR2
		熵	Entropy	Ent_CA/B/G/R/NIR/SWIR1/SWIR2
		角二阶矩	Angular Second Moment	ASM_CA/B/G/R/NIR/SWIR1/SWIR2
		相关性	Correlation	Cor_CA/B/G/R/NIR/SWIR1/SWIR2
指数特征	缨帽变换指数，归一化植被指数、归一化建筑物指数	亮度指数	Brightness Index	BI
		绿度指数	Greenness Index	GI
		湿度指数	Wetness Index	WI
		归一化建筑物指数	Normalized Difference Built - up Index	NDBI
		归一化植被指数	Normalized Difference Vegetation Index	NDVI
温度特征	2 个热红外波段上提取的亮温数据	亮温 - 1	Brightness Temperature - 1	BT_1
		亮温 - 2	Brightness Temperature - 2	BT_2

1. 光谱特征

所利用的光谱特征包括 7 个波段反射率数据和反射率导数特征，在很多应用中图像灰度的变化情况是非常重要的信息。灰度的变化可以用全色波段影像或多波段影像的每一个波段分别计算 X 和 Y 方向的导数来描述。对灰度求一阶导数就是其斜率，边缘的一阶导数是一个常数，而由于非边缘的一阶导数为零，这样通过求一阶导数就能初步判断图像的边缘。用一个特定的窗口分别在 X 和 Y 方向上近似求导，得到变化梯度，突出图像中的边缘信息。如果导数为正，那么函数图像会增大；如果导数为负，那么函数图像会减小。本研究求出每个波段反射率的一阶导数和二阶导数作为覆膜种植农田识别特征。

2. 纹理特征

覆膜种植农田明显改变地表纹理特性，因此假设纹理特征对覆膜种植农田遥感识别具有很大贡献。但纹理特征的贡献程度受识别目标地物和遥感传感器的影响，尤其是地物空间结构上的特性。光学遥感影像包含着光谱反射和空间结构两大特征。在遥感影像分析中，使用最多的是光谱信息。但随着遥感技术的迅速发展，遥感数据空间分辨率也不断提高，现有遥感信息提取精度还不能满足需求。因此，近年来学者们从遥感影像分类方法和挖掘潜在信息方面开展了很多研究，并指出遥感影像潜在信息的挖掘有助于提高地物识别精度，如纹理特征、几何特征、颜色特征和空间关系等信息。其中，纹理特征是遥感影像重要的空间信息之一，尤其是高分辨率遥感影像的纹理特征是非常重要的信息。纹理特征反映遥感影像灰度的空间分布情况，代表着影像特征与周围环境的空间关系，是一种重要的空间信息源（Zhang et al.，2014）。与光谱特征相比，纹理特征结构相对稳定，同时也能够在一定程度上抑制同物异谱、异物同谱现象。因此，纹理特征在遥感影像分类及地物识别中起着举足轻重的作用。在遥感影像分类、地物识别过程中，纹理特征一般与光谱特征、几何特征结合使用。很多研究表明，纹理特征的加入能够显著提高地物识别精度（Guindon et al.，2004；Li et al.，2014；Pesaresi et al.，2008；Pesaresi et al.，2011）。纹理特征的应用领域也很广泛，包括神经生理学、心理学、医学诊断、影像分析等。随着应用领域的不断扩大，实现纹理特征提取的算法也越来越丰富，包括基于统计的、基于结构的、基于频谱的、基于模型的方法。

目前，应用较广的纹理特征提取方法包括 GLCM 法、Markova 随机场法、小波变换法和分形模型法等，不同方法各有其优缺点，其中基于统计方法的研究较多。基于统计的纹理分析方法原理简单、具有很好的空间域，从而更适宜于刻画地物在空间中的结构特征，而且无须进行前提条件假设，适用于任意一种分布情况的纹理提取。长期以来，国内外对纹理特征提取算法及应用方面进行了大量研究并取得了良好进展。由于众多不确定因素（如图像不同、训练样区不同等），得到的结果存在一定差异，但大多数研究表明基于 GLCM 纹理特征优于分数维、Gabor 滤波器和马尔科夫模型等方法（田琼花，2007；Lu et al.，2010）。近年来，很多研究利用 GLCM 纹理特征进行影像分类或地物识别，从而证明纹理特征的有效性（Angel Castillo - Santiago et al.，2010；Estes et al.，2010；Kayitakire et al.，2006；Pathak et. al.，2010）。因此，本研究选用了 GLCM 法提取纹理特征。GLCM 法是由 Haralick 等在 1973 年提出的最常用、使用效果最好的统计学方法（Ghosh et al.，2014）。GLCM 法是一个距离和方向的函数，统计图像中一个像元与特定方向和特定距离的另一个像元共同出现的概率。

3. 指数特征

（1）缨帽变换

缨帽变换（Tasselled Cap Transformation，TCT），又称坎斯-托马斯变换（Kanth-Thomas Transform），是一种基于经验的遥感影像线性变换方法。研究表明，植被可以通过 3 个轴来确定，分别为亮度轴、绿度轴、湿度轴，而这 3 个轴的信息可以通过简单的线性计算和数据空间旋转来求得。

本研究利用 Roy 等（2014）提出的转换系数（表 4.4）计算每期影像的亮度指数、绿度指数、湿度指数 3 个特征。亮度指数是缨帽变换的第一分量，是所有波段反射率的加权综合效应，代表影像的变化程度，主要与裸土、部分被覆盖的土壤、人工地物及地形变化相关。绿度指数是缨帽变换的第二分量，是反映植被特征的参数，包括植被覆盖度、叶面积、生物量等，主要测量近红外波段和可见光波段之间的反差，裸土的反射特征为高亮度值和低绿度值。湿度指数反映的是地表水分情况，尤其能够反应土壤湿度特征（Roy et al.，2014）。由于地膜覆盖会改变土壤温度、湿度等作物生长环境，因此通过缨帽变换获取的这 3 个指数都可作为其识别特征。

表 4.4　Landsat-8 OLI 数据缨帽变换指数

参数	蓝光波段	绿光波段	红光波段	近红外波段	短波红外波段 1	短波红外波段 2
亮度指数	0.302 9	0.278 6	0.473 3	0.559 9	0.508 0	0.187 2
绿度指数	−0.294 1	−0.243 0	−0.542 4	0.727 6	0.071 3	−0.160 8
湿度指数	0.151 1	0.197 3	0.328 2	0.340 7	−0.711 7	−0.455 9
TCT4	−0.823 9	0.084 9	0.439 6	−0.058 0	0.201 3	−0.277 3
TCT5	−0.329 4	0.055 7	0.105 6	0.185 5	−0.434 9	0.808 5
TCT6	0.107 9	−0.902 3	0.411 9	0.057 5	−0.025 9	0.025 2

$$Y = cX + a \tag{4.1}$$

其中，X 为变换前多光谱空间的像元矢量，Y 为变换后多光谱空间的像元矢量，c 为变换矩阵，a 为避免出现负值所加的常数（本书中 $a=0.005$）。

（2）归一化植被指数

归一化植被指数（Normalized Difference Vegetation Index，NDVI）是一种用于突出植被信息归一化的指数，也可以用于裸土信息等其他信息的表达。归一化植被指数表达式如下（Lu et al.，2015）：

$$NDVI = \frac{b_5 - b_4}{b_5 + b_4} \tag{4.2}$$

其中，b_5 和 b_4 分别为近红外波段和红光波段的反射率。

（3）归一化建筑物指数

归一化建筑物指数（Normalized Difference Built - up Index，NDBI）主要用于提取建筑物信息。在分析不同地物类型时发现覆膜种植农田与建筑物信息混淆比较严重，因此，本研究利用归一化建筑物指数，减少其与覆膜种植农田之间的混淆。归一化建筑物指数计算公式如下（Varshney et al.，2014）：

$$NDBI = \frac{b_6 - b_5}{b_6 + b_5} \tag{4.3}$$

其中，b_5 表示近红外波段的反射率，b_6 表示中红外波段的反射率。覆膜种植农田与不透水层的混淆较严重，预期利用归一化建筑物指数减轻混分。

4. 温度特征

利用 Landsat - 8 搭载的 TIRS 传感器两个热红外波段数据，分析温度特征对覆膜种植农田遥感识别的贡献。通过对热红外波段利用元文件提供的转换参数得到星上亮温数据（Montanaro et al.，2014）。计算公式如下：

$$T_b = \frac{K_2}{\ln\left(\frac{K_1}{L_\lambda} + 1\right)} \tag{4.4}$$

其中，T_b 为亮温，L_λ 为光谱辐射，K_1 和 K_2 是转换系数。对 T_b 进行归一化处理，使其值域在 $[0, 1]$。

$$T_b = \frac{T_b - \min(T_b)}{\max(T_b) - \min(T_b)} \tag{4.5}$$

第三节　覆膜种植农田遥感识别特征选择及分类方法

本章总体目标是找出覆膜种植农田遥感识别通用特征或特征集。理论上，增加特征会提高地物识别精度和识别效率，然而大量特征的引入将会大幅度增加特征维数。利用高维特征进行分类需要更长的计算时间而降低运行效率，甚至会导致"维数灾难"，而且很多特征之间可能存在正相关或负相关关系，导致信息冗余或引入干扰信息，从而降低地物识别精度和制图质量。特征选择一方面能够降低特征维数，进而提高运算效率；另一方面能够消除特征之间的相关性、减少信息冗余与干扰，并构建独立、稳健的特征子集以提高地物识别精度和效率（Saeys et al.，2007）。特征选择方法很多，包括传统的主成分分析方法（Berberoglu et al.，2007；Zhang et al.，2009），以及近年比较流行的非参数算法如神经网络、SVM、RF 等（Bazi et al.，2006；Pal et al.，2010）。这些方法可分为三大类，即滤波器、封装器和集成法（Guyon I，Elissee A，2003）。其中集成法的优点在于它的特征选择在分类学习的过程中完成。本研究采用 SVM 和 RF 算法进行特征选择和覆膜种植农田遥感识别，并对识别效果进行对比分析。

一、随机森林机器学习算法

RF 机器学习算法是 2001 年由 Breiman 等首次提出的一种机器学习算法（Gislason et al.，2006），是一种由很多决策树和分类与回归树的集成学习算法。RF 中的每一棵树都由一系列随机样本和随机特征来训练而建立，这种技术通常也被称为"Bootstrapping"。在"Bootstrapping"中，2/3 的训练样本（称为袋内样本）来构建树，剩下的 1/3 样本（称为袋外样本）来验证树的性能，以所有树的错分率作为袋外误差的估计。RF 算法需要确定两个参数：RF 每一个节点上随机子集的变量数量（M）和树的数量（T）。变量数量的选择对最后误差有着相当大的影响。树之间的相关性和每一棵树的强度（分类精度）都随着变量数量的增加而增加。错分率和树的相关性之间存在正比例关系，而与强度之间存在反比例关系。变量数量一般取值为特征数量的平方根，即 $\sqrt{M}$。由于 RF 计算速度快，并且不存在过拟合现象，因此树的数量尽量大，树的数量一般取值为几百个。在本研究中树的数量设为 500 个。RF 机器学习算法的优势包括：①运算效率高；②分类精度高；③对异常值和噪声具有很好的鲁棒性；④能够评价变量重要性；⑤能够对预测变量之间复杂的互动建模且能够避免过拟合；⑥能够进行回归分析、监督学习分类、无监督学习、生存分析、预测等多种统计数据分析（Rodriguez-Galiano et al.，2012）。

除分类以外，RF 还能估计特征的重要性。基于 RF 的特征选择也是通过评价特征重要性来完成，RF 特征重要性的详细计算过程如下（Guan et al.，2013）。

一是建立分类与回归树。将训练样本随机重采样成"Bootstrap"样本，这样将样本分成袋内样本和袋外样本（Out of Bag，OOB），袋外样本指的是在"Bootstrap"训练过程中没有被选择的样本，然后构建分类与回归树并进行验证。

二是验证 CART 的最佳分割节点。设样本数量为 m，则随机选择 $M=\sqrt{m}$ 个样本，并以基尼系数（Gini Coefficient，Gini 系数）为标准评价最佳分割节点。当每一类出现的概率相等时 Gini 系数被赋予最大值；当某一节点上的所有类型被选样本仅属于同一类型时 Gini 系数被赋予最小值，这时该节点是纯节点，因为此时的 Gini 系数降低幅度最大，从而 CART 选择最佳分割特征。Gini 系数计算公式如下：

$$Gini = \sum \sum_{i \neq j} \frac{f(c_i, T)}{|T|} \cdot \frac{f(c_j, T)}{|T|} \tag{4.6}$$

其中，$f(c_i, T)/|T|$ 属于 C_i 类的概率。

三是评价特征重要性。采用投票的方式对 RF 里的每一棵树进行投票评价。例如，对每一棵树 j，首先利用变量 f 的袋外样本即 OOB_j^f 进行分类精度评价，得到 OOB_j^f 的袋外误差估计值即 EB_j^f。然后，对变量 f 的袋外样本 OOB_j^f 进行扰动，得到扰动后的样本 $(OOB_j^f)'$ 和其袋外误差估计 $(EB_j^f)'$。变量 f 在每棵树 j 上的重要性计算公式如下：

$$FI_j^f = (OOB_j^f)' - OOB_j^f \tag{4.7}$$

然后以所有树的平均重要性来计算变量 f 的重要性分值，计算公式如下：

$$FI^f = \frac{1}{T}\sum_T FI^f_j \tag{4.8}$$

对比包含该特征和不包含该特征时的平均精度，以所有树平均分类精度的降低程度来代表变量 f 的重要性。平均精度的降低幅度越大，特征重要性就越高。为了选出最优不相关的特征，RF 可以进行前向特征选择和后向特征选择。在后向特征选择中，首先计算特征重要性，得到全部特征的重要性排序，然后采用迭代的方式从全部特征中剔除重要性最小的特征。在每一次的迭代中重要性最小的特征被剔除，利用剩余的特征重新建立 RF 评价袋外误差。一直迭代到最小袋外误差，选出一组袋外误差最小的特征。前向选择是不断迭代引入重要性最大的特征，一直到选出袋外误差最小的一组特征。

由于 RF 算法的随机性导致每一次计算出的特征重要性有所不同，因此本研究为了避免因随机性引起的误差，特征重要性评价时重复计算 10 次，再求平均重要性。以平均重要性为排序特征，计算累加平均重要性，再根据累加平均重要性选择一定数量的特征。

二、支持向量机机器学习算法

SVM 算法是由 Vapnik 提出的基于统计学的无参数监督学习算法（Mountrakis et al.，2011）。它是以统计学为理论基础，以结构风险最小化为原则的机器学习算法。由于该机器学习算法的众多出色的性能，如能够有效解决小样本、高维数、非线性、局部极小点等问题及其泛化能力，在模式识别和数据挖掘领域得到了非常广泛的应用。从文字识别、人脸识别到机器翻译、银行信用风险评估、系统故障检测、医疗影像分析、图像分类中都有 SVM 的成功案例。SVM 是以非线性函数的方式将输入进来的向量变换到高维的空间里，在这个高维空间里，计算训练样本之间的点积，构建泛化能力较强的线性分类器，以引入一些松弛变量的方法解决由数据本身或者噪声引起的线性不可分问题。这种训练优化的特殊策略本质上是二次优化问题，这样可以避免陷入局部优化的陷阱。SVM 只利用极少量样本建立 SVM，而不是利用所有样本，因此其运算速度较快（李奇峰，2015）。

SVM 基本要素之一的最优分类面，亦称最优分类超平面，是用来以最大间隔地把输入数据分割开来的一个决策函数。构建最优分类超平面只需要有限的几个训练样本数据就能完成。有部分数据会落在离超平面等距离的最大分类间隔的两个对称超平面上，这部分数据被称为支持向量。建立最优分类超平面的支持向量数量越小，分类器的错分风险越小，其泛化能力越强。

SVM 的另一个基本要素是核函数，是一种将非线性变换函数和样本之间的点积计算组合的函数。常用的核函数包括线性核函数（Linear Kernel Function）、径向基函数（Radial Basis Kernel Function）、多项式核函数（Polynomial Kernel Function）和 S 核函数（Sigmoid Kernel Function）。不同核函数有不同的参数，如径向基函数的参数为 γ，它将输入的向量变换到无穷的高维。这种核函数的引入使 SVM 成为更强大、通用性更好的机器学习算法，且不增加计算复杂度，也避免了"维数灾难"的发生。参数取值显著影响

SVM 的分类精度。

SVM 的原则是结构风险最小化，而不是经验风险最小化。很多分类算法如 Bayes、ANN 等，在算法设计上只考虑经验风险。这种算法的指导思想是在训练数据上获取分类算法的高正确率。因此，分类算法只能对训练样本有很高的识别力，而对未知样本只是近似的猜测，这样就会出现过拟合问题。SVM 是基于结构风险最小化的算法。对于线性可分的问题，SVM 能做到零经验风险。同时也能保证最大分类间隔最小，因此它能够实现经验风险、置信度之和最小化，就是利用很小的样本实现强泛化力。多项研究表明，SVM 分类器优于其他分类器（Chen et al.，2008；Duro et al.，2012；Heinzel et al.，2012；Pal，2006）。

SVM 特征选择方法是由 Guyon 等提出的以搜索策略为基础、以判别函数信息为标准的特征选择方法（邱建坤，2015）。SVM 特征选择方式包括递归嵌入式特征选择和递归消除式特征选择，这两种方式都是通过不断迭代训练学习来完成。递归消除式特征选择实际上是一种后向迭代选择的过程，而递归嵌入式特征选择是一种前向迭代选择的过程。在迭代训练过程中利用 SVM 的交叉验证算法，对每一次分类器运行精度进行评价，以精度为选择标准，嵌入表现最好的特征或剔除表现最不好的特征；然后，在剩余的特征中重新迭代训练，嵌入或剔除第二个特征；重复进行以上过程，一直到嵌入或剔除最后一个特征，最终得到最优的特征子集。其中，前向选择从空集开始，不断加入表现最好的特征；而后向选择从满集开始，不断剔除表现最不好的特征。

第四节　基于 Landsat‐8 数据的覆膜种植农田遥感识别研究结果

一、覆膜种植农田遥感识别单时相纹理特征选择

很多研究指出纹理特征对地物识别中的贡献受纹理特征计算参数的影响，因此，本研究首先利用单独纹理特征进行覆膜种植农田识别，通过对比分析基于纹理特征的识别精度，对纹理特征计算参数进行优化选择。

利用 GLCM 法在每一期影像 7 个波段上分别提取常用的 8 种纹理特征（均值、方差、均一性、对比度、异质性、熵、角二阶矩、相关性），分别在三个计算窗口（3×3 像元、5×5 像元、7×7 像元）、四个计算方向（0°、45°、90°、135°）、三个计算步长（1 像元、2 像元、3 像元）上共提取 2 016 个纹理特征。然后，基于单独纹理特征进行覆膜种植农田遥感识别，并分析纹理特征计算参数对识别精度的影响。最后选取识别精度最高的纹理特征计算参数，进行纹理特征提取，并作为下一步分类的输入特征。由于本研究选择的两个研究区覆膜种植农田特征明显不同，所以对两个研究区覆膜种植农田识别纹理特征计算参数进行优化选择。

基于不同计算参数提取的纹理特征开展覆膜种植农田遥感识别研究，并评价识别精

度。图 4.4 为基于不同计算参数纹理特征的冀州市覆膜种植农田识别 OA、PA、UA。从图 4.4 中可以看出，不论是 OA、PA 还是 UA，不论是地膜覆盖初期、中期还是后期，不论计算窗口为 3×3 像元、5×5 像元还是 7×7 像元，基于以 1 个像元为计算步长的纹理特征的识别精度高于以 2 个像元和 3 个像元为计算步长的纹理特征。因此，首先可确定 1 个像元为冀州市覆膜种植农田识别纹理特征的最佳计算步长。再通过对比分析不同计算窗口上的识别精度，发现 3×3 像元计算窗口上的纹理特征优于 5×5 像元和 7×7 像元计算窗口上的纹理特征。因此，可以将 3×3 像元计算窗口确定为冀州市覆膜种植农田识别纹理特征的最佳计算窗口。而对不同计算方向的分析表明，0°方向上的纹理特征优于 45°、90°和 135°方向上的纹理特征，因此本研究以 0°为纹理特征提取的最佳计算方向。最后确定冀州市覆膜种植农田遥感识别纹理特征提取参数为 1 个像元的计算步长、3×3 像元的计算窗口和 0°的计算方向，在后续的研究中利用该计算参数计算提取的纹理特征。

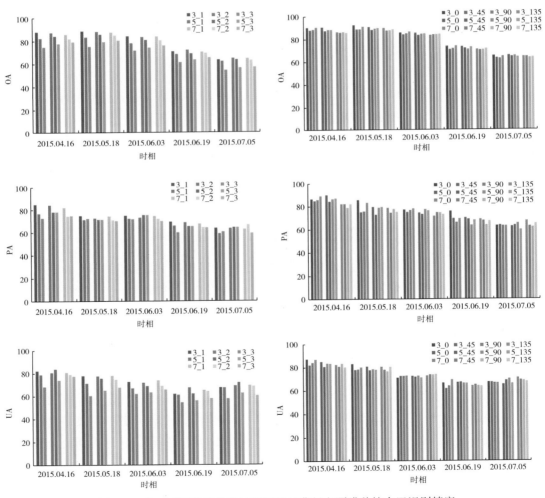

图 4.4　基于不同计算参数纹理特征的冀州市覆膜种植农田识别精度

采用同样的方法对原州区覆膜种植农田遥感识别纹理特征计算参数进行优化,结果表明1个像元的计算步长、3×3像元的计算窗口和90°的计算方向为原州区覆膜种植农田遥感识别纹理特征的最佳计算参数(图4.5)。因此,在后续的原州区覆膜种植农田遥感识别中利用上述计算参数提取的纹理特征。

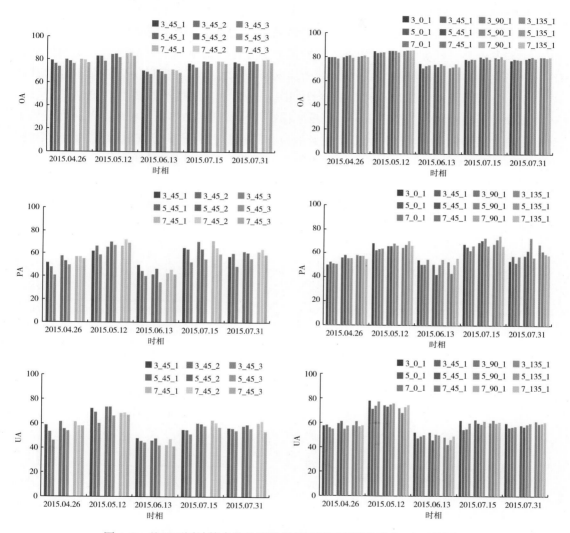

图4.5 基于不同计算参数纹理特征的原州区覆膜种植农田识别精度

二、冀州市覆膜种植农田遥感识别单时相特征选择

利用 RF 和 SVM 两种机器学习算法开展覆膜种植农田遥感识别特征优选研究,并对两种方法的特征优选效率进行对比分析。

1. 基于 RF 算法的冀州市覆膜种植农田遥感识别单时相特征选择

在最优纹理特征计算参数确定之后,构建包括光谱特征、纹理特征、指数特征和温度特征为覆膜种植农田识别的输入特征集，利用 RF 算法对每组特征进行特征重要性评价，根据重要性排序选出覆膜种植农田遥感识别优化特征集。分别对冀州市 2015 年 4 月 16 日、5 月 18 日、6 月 3 日、6 月 19 日、7 月 5 日每一时期影像上提取的光谱特征（21 个）、纹理特征（56 个）、指数特征（5 个）和温度特征（2 个）这 4 组特征进行重要性评价，计算得出每个特征的重要性。由于 RF 算法是随机选择样本和特征，导致每一次的计算结果有所不同。因此，采用重复 10 次计算特征重要性后求平均值，以避免因 RF 的随机性引起的误差。计算 10 次平均重要性的累加百分比，选取累加百分比为一定阈值的特征（100%、90%、80%、50%、30%）为输入特征进行分类，探讨优选特征组合的有效性。每一期覆膜种植农田识别特征重要性如图 4.6 所示，从特征重要性评价结果可以看出，冀州市覆膜种植农田遥感识别特征重要性在不同特征组和不同生长季之间存在显著差异。在全生长季期间，光谱特征处于主导地位，其重要性明显高于其他特征组的重要性。指数特征和温度特征的重要性次之，纹理特征的重要性低于其他特征组。

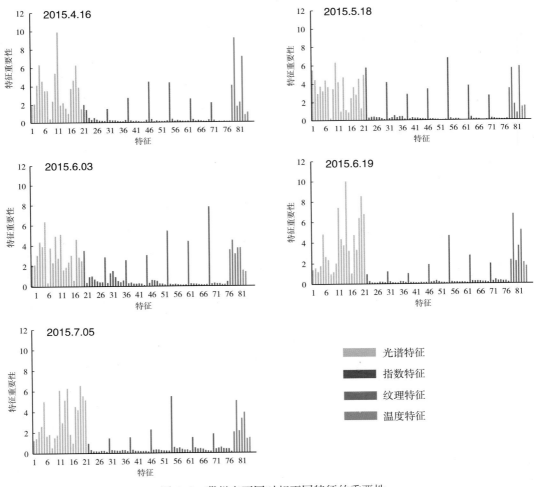

图 4.6　冀州市不同时相不同特征的重要性

　　计算每一组特征的重要性之和与全部特征重要性之和之间的比值，得到每一组特征在覆膜种植农田遥感识别的贡献。然而，在全部84个特征中不同特征组的特征数量、比例不同，因此也以每组特征重要性比例除以该组特征数量的方式，计算得出每一个特征在全部特征重要性中的平均重要性（表4.5）。从表4.5可以看出，特征之间、特征组之间和同一特征组在不同时期存在一定的差异。按特征组来讲，光谱特征组最重要，其重要性比例为48%～63%；纹理特征组的重要性位居第二，其重要性比例为19%～35%；指数特征组的重要性位居第三，其重要性比例为14%～19%，而温度特征的重要性比例为2%～3%。按每一个特征的平均重要性来讲（表4.5中括号里的数字），光谱特征的平均重要性比例为2.29%～3.00%，纹理特征的平均重要性比例为0.34%～0.63%，指数特征的平均重要性比例为2.8%～3.8%，温度特征的平均重要性比例为1.0%～1.5%。因此，在覆膜种植农田遥感识别中光谱特征、指数特征更重要。

表4.5　冀州市不同类型特征重要性比例和每一个特征平均重要性比例（%）

时相	光谱特征	纹理特征	指数特征	温度特征
2015 年 4 月 16 日	57 (2.72)	22 (0.39)	19 (3.80)	2 (1.00)
2015 年 5 月 18 日	54 (2.57)	30 (0.53)	14 (2.80)	2 (1.00)
2015 年 6 月 3 日	48 (2.29)	35 (0.63)	14 (2.80)	2 (1.00)
2015 年 6 月 19 日	63 (3.00)	19 (0.34)	16 (3.20)	3 (1.50)
2015 年 7 月 5 日	59 (2.81)	25 (0.45)	14 (2.80)	2 (1.00)

　　对全部特征进行多次重要性评价求平均重要性后，根据平均重要性进行排序，选取其前20个重要特征，如表4.6所示。从表4.6可以看出，每一个特征在不同时期进行覆膜种植农田遥感识别时，其重要性顺序不同。在覆膜初期（4月16日），覆膜种植农田识别重要特征有红光波段一阶导数、绿度指数、植被指数、红光波段、红光波段二阶导数、绿光波段一阶导数、绿光波段二阶导数、近红外波段、红光波段均值纹理特征、近红外波段均值纹理特征等。在覆膜前中期（5月18日），覆膜种植农田识别前十个重要特征有近红外波段均值纹理特征、绿光波段一阶导数、植被指数、海岸带波段均值纹理特征、绿度指数、海岸带波段、第二短波红外波段二阶导数、第一短波红外波段一阶导数、近红外波段二阶导数、蓝光波段等特征。在覆膜中期（6月3日），覆膜种植农田遥感识别前十个重要特征包括第二短波红外波段均值纹理特征、第二短波红外波段、近红外波段均值纹理特征、第一短波红外波段一阶导数、红光波段一阶导数、近红外波段二阶导数、绿度指数、第一短波红外波段均值纹理特征、近红外波段、第一短波红外波段等。在覆膜中后期（6月19日），覆膜种植农田遥感识别前十个重要特征包括第二短波红外波段一阶导数、第一短波红外波段二阶导数、红光波段一阶导数、第二短波红外波段二阶导数、绿度指数、近红外波段二阶导数、植被指数、近红外波段、绿光波段二阶导数、近红外波段均值纹理特征等。在覆膜后期（7月5日），覆膜种植农田遥感识别前十个重要特征包括近红外波段二阶导数、第二短波红外波段一阶导数、红光波段一阶导数、第一短波红外波段二

阶导数、近红外波段均值纹理特征、第一短波红外波段一阶导数、第二短波红外波段二阶导数、绿度指数、近红外波段、绿光波段二阶导数等。冀州市覆膜种植农田遥感识别最重要的 20 个特征中光谱反射率导数特征比光谱特征的排序位置更靠前，指数特征和纹理特征偶尔出现，温度特征没有出现在前 20 个重要特征中。

表 4.6　基于 RF 选择的冀州市不同时期覆膜种植农田遥感识别前 20 个重要特征

排序	4 月 16 日	5 月 18 日	6 月 3 日	6 月 19 日	7 月 5 日
1	R_1	NIR_M	SWIR2_M	SWIR2_1	NIR_2
2	GI	G_1	SWIR2	SWIR1_2	SWIR2_1
3	NDVI	NDVI	NIR_M	R_1	R_1
4	R	CA_M	SWIR1_1	SWIR2_2	SWIR1_2
5	R_2	GI	R_1	GI	NIR_M
6	G_1	CA	NIR_2	NIR_2	SWIR1_1
7	G_2	SWIR2_2	GI	NDVI	SWIR2_2
8	NIR	SWIR1_1	SWIR1_M	NIR	GI
9	R_M	NIR_2	NIR	G_2	NIR
10	NIR_M	B	SWIR1	NIR_M	G_2
11	G	SWIR1	B_1	NIR_1	R_2
12	BI	R_1	NDVI	SWIR1_1	NDVI
13	NIR_2	B_M	NDBI	NDBI	NDBI
14	B_2	SWIR1_M	BI	R_2	NIR_1
15	SWIR2	R	CA_M	CA_2	R
16	SWIR1	SWIR2	WI	SWIR1_M	R_M
17	G_M	G_2	R	SWIR1	G
18	SWIR1_M	B_1	G_2	SWIR2	WI
19	B_1	BI	R_M	BI	BI
20	SWIR1_1	R_M	SWIR1_2	WI	SWIR2_M

2. 基于 SVM 的冀州市覆膜种植农田遥感识别单时相特征选择

利用 SVM 前向特征选择方法开展冀州市覆膜种植农田遥感识别有效特征选择研究。首先，利用训练样本数据对支持向量进行参数优化选择（图 4.7），在此基础上利用已优化的参数进行训练学习和特征选择。SVM 的前向特征选择实际上就是一个不断迭代分类并精度评价的过程。在本研究中，首先利用 84 个特征中的单一特征进行分类与精度评定，并求得 F1 值（PA 和 UA 的组合）。根据最高 F1 精度选择识别精度最高的一个特征，这样第一个重要特征被选出，第一次迭代结束。在第一次迭代选中的那一个特征的基础上，依次加入其余 83 个特征，完成基于两个特征的地物分类，评价 F1 精度，选择最高 F1 精度的特征，这样第二次迭代结束，第二个特征被选出。以此类推，一直到 84 个特征全部被选中，一共迭代 84 次，如图 4.8 所示。

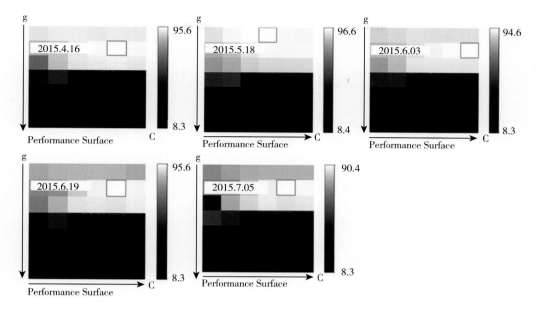

图 4.7　SVM 学习优化参数

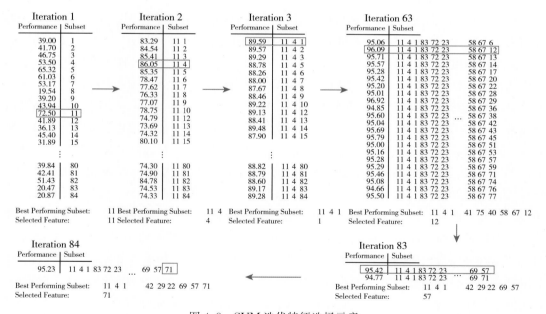

图 4.8　SVM 迭代特征选择示意

在 SVM 特征选择过程中，所选特征数量可以根据前向迭代中产生 F1 精度曲线（图 4.9）来确定，当曲线趋于平缓位置的特征数量即为最优的特征数量。从图 4.9 可以看出，不同生长季的特征数量明显不同，能达到的最高识别精度也有所不同。覆膜种植初期的特征数量要小于后期特征数量，初期识别精度高于后期识别精度。在覆膜种植初期（4月、5月），10个特征时F1精度曲线趋于平缓，而在覆膜种植后期（6月下旬、7月）需要20～30个特征精度曲线才开始趋于平缓，而且到后期时覆膜种植农田的识别精度降低。

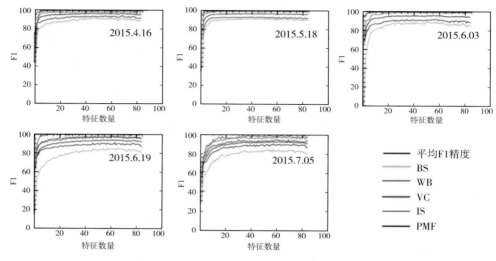

图4.9　SVM前向特征选择F1精度

　　根据SVM前向选择的F1精度曲线和每一次迭代选中的特征情况，选出了前20个特征如表4.7所示。在覆膜种植初期（4月16日），红光波段一阶导数、红光波段、海岸带波段、第一温度特征、第二短波红外波段均一性纹理特征、海岸带波段方差纹理特征、海岸带波段异质性纹理特征、第二短波红外波段二阶导数、近红外波段方差纹理特征、红光波段方差纹理特征列为前10个重要特征。在覆膜种植前中期（5月18日），第一短波红外波段、海岸带波段均值纹理特征、绿光波段一阶导数、归一化植被指数、第二短波红外波段一阶导数、建筑物指数、蓝光波段均一性纹理特征、第二短波红外波段均一性纹理特征、亮度指数、红光波段均值纹理特征为前10个重要特征。在覆膜种植中期（6月3日），第一短波红外波段、蓝光波段、绿度指数、第一温度特征、第二短波红外波段一阶导数、蓝光波段均一性纹理特征、近红外波段、绿光波段均一性纹理特征、蓝光波段二阶导数、海岸带波段一阶导数被选为前10个重要特征。在覆膜种植中后期（6月19日），第二短波红外波段一阶导数、近红外波段均值纹理特征、第一短波红外波段一阶导数、第二温度特征、亮度指数、海岸带波段对比度纹理特征、第一短波红外波段方差纹理特征、绿光波段一阶导数、红光波段二阶导数、第二短波红外波段异质性纹理特征为前10个特征。在覆膜种植后期（7月5日），绿光波段二阶导数、第二短波红外波段一阶导数、亮度指数、近红外波段异质性纹理特征、蓝光波段二阶导数、第一短波红外波段一阶导数、蓝光波段一阶导数、第二温度特征、绿光波段角二阶矩、绿光波段均一性纹理特征被列为前10个特征。从前20个特征可以看出光谱特征的出现频率高于其他特征出现频率，纹理特征、指数特征和温度特征也有出现，但频率较低。

表 4.7　基于 SVM 前向选择的冀州市不同时期覆膜种植农田遥感识别前 20 个重要特征

排序	4月16日	5月18日	6月3日	6月19日	7月5日
1	R_1	SWIR1	SWIR1	SWIR2_1	G_2
2	R	M_CA	B	M_NIR	SWIR2_1
3	CA	G_1	GI	SWIR1_1	BI
4	BT_1	NDVI	BT_1	BT_2	D_NIR
5	H_SWIR2	SWIR2_1	SWIR2_1	BI	B_2
6	V_CA	NDBI	H_B	C_CA	SWIR1_1
7	D_CA	H_B	NIR	V_SWIR1	G_1
8	SWIR2_2	H_SWIR2	H_G	G_1	BT_2
9	V_NIR	BI	B_2	R_2	A_G
10	V_R	M_R	CA_1	D_SWIR2	H_G
11	V_G	V_SWIR1	E_NIR	B	M_SWIR2
12	A_R	BT_1	M_R	D_NIR	D_R
13	G_1	GI	M_B	A_CA	V_SWIR2
14	NIR	A_CA	SWIR1_1	C_G	E_B
15	BT_2	H_NIR	G_2	WI	R
16	M_R	C_G	BT_2	NDVI	A_CA
17	C_B	A_SWIR1	SWIR2_2	H_B	A_NIR
18	H_B	WI	H_R	E_SWIR1	C_CA
19	A_G	A_NIR	G	B_1	CA
20	G	E_SWIR2	R	M_B	H_B

三、基于单时相特征的冀州市覆膜种植农田遥感识别

1. 基于 RF 选择特征的覆膜种植农田遥感识别

根据特征重要性累加百分比，建立不同特征集，如累加百分比为 30%（包含前 5 个重要特征）、50%（包含前 10 个重要特征）、80%（包含前 20 个重要特征）、90%（包含前 30 个重要特征）和 100%（包含全部 84 个特征）的特征，以及单独光谱特征（7 个波段反射率）和单独纹理特征（56 个纹理特征）进行冀州市不同时期覆膜种植农田遥感识别研究，以便对比分析特征优化效果。利用 SVM 和 RF 机器学习算法对冀州市 5 种地物类型进行分类，并利用混淆矩阵方法进行精度评价。精度评价参数包括 OA、PA、UA 和 Kappa 系数。

从表 4.8 可以看出，冀州市覆膜种植农田遥感识别精度在不同特征组、不同时期和不同分类器之间存在一定差异。当利用 RF 机器学习算法时，优化特征的表现优于单独光谱特征或单独纹理特征，尤其是在覆膜种植初期（4 月 16 日、5 月 18 日）这种特点尤其明显，而在覆膜种植后期（6 月 3 日至 7 月 5 日）此特点并不明显。但是利用 SVM 机器学习算法时并没有明显的变化规律。无论用什么特征组和分类器，覆膜种植初期（4 月 16

日、5月18日）的识别精度高于覆膜种植后期的分类精度（6月3日至7月5日）。因此，可以初步确定覆膜种植初期（4月中旬至5月中旬）为覆膜种植农田遥感识别最佳时期，但是在这个时间段也存在识别精度差异。

表 4.8　冀州市基于 RF 选择特征的覆膜种植农田识别精度

时相	重要性累加百分比（特征数量）	RF 分类器				SVM 分类器			
		OA（%）	PA（%）	UA（%）	Kappa系数	OA（%）	PA（%）	UA（%）	Kappa系数
2015.4.16	30%（5）	91.21	89.84	87.01	0.89	88.39	78.25	89.53	0.85
	50%（10）	92.99	91.06	90.69	0.91	86.12	80.69	89.01	0.82
	80%（20）	93.08	90.85	90.67	0.91	91.43	86.59	93.01	0.89
	90%（30）	93.13	88.21	91.56	0.91	90.85	83.94	91.57	0.88
	100%（84）	94.02	91.67	93.18	0.92	91.38	84.76	90.26	0.89
	光谱特征	91.21	84.96	91.47	0.89	88.26	82.93	89.67	0.85
	纹理特征	90.09	85.57	88.45	0.87	89.69	84.35	88.68	0.87
2015.5.18	30%（5）	94.24	85.57	91.13	0.93	95.00	87.40	92.67	0.94
	50%（10）	94.06	86.59	89.87	0.92	95.04	87.80	91.91	0.94
	80%（20）	94.42	86.79	90.66	0.93	93.17	83.13	88.72	0.91
	90%（30）	94.60	86.79	91.24	0.93	93.08	84.55	89.27	0.91
	100%（84）	94.87	86.79	91.83	0.93	95.63	88.82	92.39	0.94
	光谱特征	90.31	78.25	82.09	0.87	91.83	77.03	88.34	0.89
	纹理特征	91.47	84.55	81.41	0.89	91.83	82.32	82.99	0.89
2015.6.3	30%（5）	82.37	71.75	75.59	0.77	77.68	65.85	72.00	0.71
	50%（10）	85.18	74.19	77.00	0.81	84.11	74.59	76.62	0.79
	80%（20）	85.36	74.19	77.00	0.81	84.73	74.80	77.15	0.80
	90%（30）	88.30	73.98	82.54	0.85	88.21	69.72	81.67	0.85
	100%（84）	88.30	73.98	80.35	0.85	87.14	72.15	76.84	0.83
	光谱特征	83.97	73.58	75.26	0.79	80.76	69.72	72.98	0.75
	纹理特征	86.38	72.97	75.10	0.82	83.84	65.45	71.88	0.79
2015.6.19	30%（5）	77.95	71.95	76.29	0.71	79.29	73.17	81.08	0.73
	50%（10）	79.73	72.15	82.18	0.74	81.56	74.59	82.47	0.76
	80%（20）	81.52	71.54	84.01	0.76	82.23	73.98	83.11	0.77
	90%（30）	82.05	71.75	84.25	0.77	81.83	73.17	81.08	0.76
	100%（84）	80.98	69.51	82.61	0.75	79.87	69.51	82.01	0.74
	光谱特征	77.95	71.95	76.96	0.71	81.07	77.85	80.97	0.75
	纹理特征	74.87	71.95	70.80	0.67	75.18	70.33	73.46	0.68

（续）

时相	重要性累加百分比（特征数量）	RF 分类器				SVM 分类器			
		OA（%）	PA（%）	UA（%）	Kappa系数	OA（%）	PA（%）	UA（%）	Kappa系数
2015.7.5	30%（5）	72.05	66.26	71.65	0.64	71.25	65.65	68.14	0.63
	50%（10）	72.32	65.24	72.95	0.64	71.83	65.65	70.37	0.63
	80%（20）	74.11	64.63	73.27	0.66	74.78	62.60	72.13	0.67
	90%（30）	74.60	68.29	76.02	0.67	74.02	64.02	69.08	0.66
	100%（84）	73.84	67.07	76.57	0.66	73.57	65.45	72.85	0.66
	光谱特征	68.30	63.82	74.76	0.59	73.48	66.06	71.74	0.65
	纹理特征	66.83	67.68	71.15	0.57	68.66	59.55	66.14	0.59

当利用 RF 时，不同特征组之间的差异明显。基于全部 84 个特征的识别精度达最高水平，其中基于 4 月 16 日数据和基于 5 月 18 日数据的 OA 分别为 94.02% 和 94.87%。两个时期位居第二的分别为 4 月 16 日重要性累加百分比为 90% 特征和 5 月 18 日重要性累加百分比为 90% 特征，OA 分别为 93.13% 和 94.60%。覆膜种植农田最高 PA 和 UA 来自 4 月 16 日重要性累加百分比为 100% 的特征，分别为 91.67% 和 93.18%。

当利用 SVM 时，4 月 16 日最高 OA 为 91.43%，来自重要性累加百分比为 80% 的特征；而 5 月 18 日最高 OA 为 95.63%，来自重要性累加百分比 100% 的特征。对覆膜种植农田遥感识别数据来讲，4 月获取的遥感数据优于 5 月获取的遥感数据。而在覆膜种植后期（6 月至 7 月），覆膜种植农田识别 PA 低于 80%，且时间越往后识别精度越低。因此，覆膜种植农田遥感识别最佳时期应为 4 月。然而，在不同分类器和特征之间存在一定差异，在冀州市的实验研究表明 RF 的表现要优于 SVM。

2. 基于 SVM 选择特征的覆膜种植农田遥感识别

基于 SVM 前向特征选择结果，分别建立不同数量的特征组，包括前 5 个特征、前 10 个特征、前 20 个特征和全部 84 个特征构成的特征组。然后，基于不同特征组，分别利用 SVM、RF 机器学习算法对冀州市 5 种地物类型进行分类和精度评价。

基于 SVM 选择特征的冀州市覆膜种植农田识别精度如表 4.9 所示，可以看出冀州市覆膜种植农田识别精度因特征组、遥感数据时相与分类器的不同而有所不同。优化特征的表现优于基于单独光谱特征或单独纹理特征的识别精度；在覆膜种植初期此特点更加显著，而在覆膜种植后期并不明显。覆膜种植初期（4 月 16 日、5 月 18 日）的识别精度显著高于覆膜种植后期（6 月 3 日至 7 月 5 日）的识别精度。因此，基于 SVM 前向选择特征的识别精度也能说明冀州市覆膜种植农田最佳识别时期为覆膜种植初期（4 月中旬至 5 月中旬），然而在这时间段的识别精度也存在一定差异。

表 4.9　基于 SVM 选择特征的冀州市覆膜种植农田识别精度

时相	特征数量	SVM 分类器				RF 分类器			
		OA（%）	PA（%）	UA（%）	Kappa 系数	OA（%）	PA（%）	UA（%）	Kappa 系数
2015 年 4 月 16 日	5	89.78	79.88	88.51	0.87	91.70	86.18	91.38	0.89
	10	87.19	81.91	85.56	0.83	92.10	87.60	92.09	0.90
	20	90.49	84.55	87.76	0.88	93.62	89.43	94.42	0.92
	84	91.38	84.76	90.26	0.89	94.02	91.67	93.18	0.92
	光谱特征	88.26	82.93	89.67	0.85	91.21	84.96	91.47	91.21
	纹理特征	89.69	84.35	88.68	0.87	90.09	85.57	88.45	90.09
2015 年 5 月 18 日	5	93.08	83.13	86.84	0.91	93.57	83.54	89.93	0.92
	10	94.87	87.20	93.26	0.93	94.78	86.79	92.03	0.93
	20	95.54	89.84	91.13	0.94	94.78	87.40	91.10	0.93
	84	95.63	88.82	92.39	0.94	94.87	86.79	91.83	0.93
	光谱特征	91.83	77.03	88.34	0.89	90.31	78.25	82.09	90.31
	纹理特征	91.83	82.32	82.99	0.89	91.47	84.55	81.41	91.47
2015 年 6 月 3 日	5	82.05	67.07	78.01	0.77	83.79	68.29	76.71	0.79
	10	87.23	71.75	80.78	0.83	88.39	76.42	83.37	0.85
	20	87.46	73.37	76.48	0.84	88.84	77.03	82.57	0.86
	84	87.14	72.15	76.84	0.83	88.30	73.98	80.35	0.85
	光谱特征	80.76	69.72	72.98	0.75	83.97	73.58	75.26	83.97
	纹理特征	83.84	65.45	71.88	0.79	86.38	72.97	75.10	86.38
2015 年 6 月 19 日	5	78.35	70.73	77.85	0.72	79.87	71.95	79.37	0.74
	10	80.00	75.41	80.30	0.74	80.27	71.14	81.02	0.74
	20	78.84	66.46	80.54	0.72	80.09	69.51	82.01	0.74
	84	79.87	69.51	82.01	0.74	80.98	69.51	82.61	0.75
	光谱特征	81.07	77.85	80.97	0.75	77.95	71.95	76.96	0.71
	纹理特征	75.18	70.33	73.46	0.68	74.87	71.95	70.80	0.67
2015 年 7 月 5 日	5	73.26	60.77	73.11	0.65	72.81	65.45	73.68	0.65
	10	71.29	64.43	71.72	0.63	71.74	65.04	74.42	0.63
	20	72.86	62.40	73.27	0.65	74.60	69.92	77.13	0.67
	84	73.57	65.45	72.85	0.66	73.84	67.07	76.57	0.66
	光谱特征	73.48	66.06	71.74	0.65	68.30	63.82	74.76	0.59
	纹理特征	68.66	59.55	66.14	0.59	66.83	67.68	71.15	0.57

　　4 月 16 日，基于全部 84 个特征的覆膜种植农田识别精度最高，两种分类器都有相同

的特点，SVM 的 OA、PA、UA 和 Kappa 系数分别为 91.38%、84.76%、90.26% 和 0.89，而 RF 的 OA、PA、UA 和 Kappa 系数分别为 94.02%、91.67%、93.18% 和 0.92。基于前 20 个特征的覆膜种植农田识别精度位居第二，SVM 的 OA、PA、UA 和 Kappa 系数分别为 90.49%、84.55%、87.76% 和 0.88，而 RF 的 OA、PA、UA 和 Kappa 系数分别为 93.62%、89.43%、94.42% 和 0.92。

5 月 18 日，基于全部 84 个特征的覆膜种植农田识别精度最高，SVM 的 OA、PA、UA 和 Kappa 系数分别为 95.63%、88.82%、92.39% 和 0.94，而 RF 的 OA、PA、UA 和 Kappa 系数分别为 94.87%、86.79%、91.83% 和 0.93。基于前 20 个特征的覆膜种植农田识别精度位居第二，SVM 的 OA、PA、UA 和 Kappa 系数分别为 95.54%、89.84%、91.13% 和 0.94，RF 的 OA、PA、UA 和 Kappa 系数分别为 94.78%、87.40%、91.10% 和 0.93。而最高覆膜种植农田 PA 和 UA 来自 4 月 16 日的全部 84 个特征，因此 4 月 16 日为冀州市覆膜种植农田遥感识别最佳时期。但是，在利用 SVM 选择的特征进行覆膜种植农田识别时，SVM 和 RF 的表现相当。

从识别精度和计算速度两个因素考虑，RF 优于 SVM。SVM 的识别精度有时略高于 RF 的识别精度，然而与 RF 相比，SVM 的计算速度要慢很多。因此，总体上 RF 优于 SVM。

四、冀州市覆膜种植农田遥感识别

由于前期研究发现 7 月 5 日的覆膜种植农田遥感识别精度很低，因此在多时相研究中只涉及 4 月 16 日、5 月 18 日、6 月 3 日和 6 月 19 日四个时相的数据。多时相组合方式包括两时相组合、三时相组合和四时相组合三种组合方式。两时相组合方式包括 4 月 16 日和 5 月 18 日的组合、4 月 16 日和 6 月 3 日的组合、4 月 16 日和 6 月 19 日的组合、5 月 18 日和 6 月 3 日的组合、5 月 18 日和 6 月 19 日的组合、6 月 3 日和 6 月 19 日的组合六种组合方式；三时相组合方式包括 4 月 16 日、5 月 18 日、6 月 3 日的组合，4 月 16 日、5 月 18 日、6 月 19 日的组合，4 月 16 日、6 月 3 日和 6 月 19 日的组合，5 月 18 日、6 月 3 日、6 月 19 日组合四种组合方式；而四时相组合为 4 月 16 日、5 月 18 日、6 月 3 日和 6 月 19 日的组合。

1. 基于多时相组合特征的冀州市覆膜种植农田遥感识别

利用多时相特征重要性累加百分比为 50% 的特征进行组合，并利用 RF 和 SVM 进行分类，RF 和 SVM 的识别精度分别如表 4.10、表 4.11 所示。从表中可以看出，覆膜种植农田识别精度在不同时相、不同特征组和不同分类器之间存在一定差异。RF 算法最高，OA、PA、UA 和 Kappa 系数分别为 97.01%、93.29%、96.40% 和 0.96（表 4.10），该识别精度高于单时相最高识别精度。4 月 16 日和 5 月 18 日两时相组合时覆膜种植农田识别精度达到最高；4 月 16 日、5 月 18 日和 6 月 3 日三时相组合的识别精度与 4 月 16 日和 6 月 19 日两时相组合的识别精度位居第二。对于 SVM 来讲，最高 OA、PA、UA 和 Kappa 系数分别为 95.45%、89.02%、96.74% 和 0.94（表 4.11）。总体上，基于 RF 的识别精度要高于基于 SVM 的识别精度，如图 4.10 所示。

表 4.10　基于多时相组合特征的冀州市覆膜种植农田 RF 识别精度

	时相组合方式	特征数量	OA（%）	PA（%）	UA（%）	Kappa 系数
两时相组合	4 月 16 日和 5 月 18 日	24	97.01	92.48	96.40	0.96
	4 月 16 日和 6 月 3 日	26	96.43	93.29	94.44	0.95
	4 月 16 日和 6 月 19 日	21	94.51	89.43	95.03	0.93
	5 月 18 日和 6 月 3 日	28	94.02	85.16	90.69	0.92
	5 月 18 日和 6 月 19 日	23	94.78	84.55	94.12	0.93
	6 月 3 日和 6 月 19 日	25	89.29	73.17	85.31	0.86
三时相组合	4 月 16 日、5 月 18 日和 6 月 3 日	39	96.88	92.68	95.80	0.96
	4 月 16 日、5 月 18 日和 6 月 19 日	34	96.43	88.62	96.67	0.95
	5 月 18 日、6 月 3 日和 6 月 19 日	38	96.16	90.04	95.27	0.95
	4 月 16 日、6 月 3 日和 6 月 19 日	36	94.60	82.72	94.43	0.93
四时相组合	4 月 16 日、5 月 18 日、6 月 3 日和 6 月 19 日	49	96.34	89.02	95.42	0.95

表 4.11　基于多时相组合特征的冀州市覆膜种植农田 SVM 识别精度

	时相组合方式	特征数量	OA（%）	PA（%）	UA（%）	Kappa 系数
两时相组合	4 月 16 日和 5 月 18 日	24	94.87	88.62	94.78	0.93
	4 月 16 日和 6 月 3 日	26	91.92	85.37	95.02	0.90
	4 月 16 日和 6 月 19 日	21	90.09	80.28	96.34	0.87
	5 月 18 日和 6 月 3 日	28	93.62	81.30	91.53	0.92
	5 月 18 日和 6 月 19 日	23	90.58	78.86	90.02	0.88
	6 月 3 日和 6 月 19 日	25	85.45	68.70	86.89	0.81
三时相组合	4 月 16 日、5 月 18 日和 6 月 3 日	39	95.45	89.02	92.99	0.94
	4 月 16 日、5 月 18 日和 6 月 19 日	34	94.78	84.55	96.74	0.93
	5 月 18 日、6 月 3 日和 6 月 19 日	38	94.69	86.59	94.04	0.93
	4 月 16 日、6 月 3 日和 6 月 19 日	36	91.12	76.02	87.79	0.89
四时相组合	4 月 16 日、5 月 18 日、6 月 3 日和 6 月 19 日	49	95.04	87.60	94.93	0.94

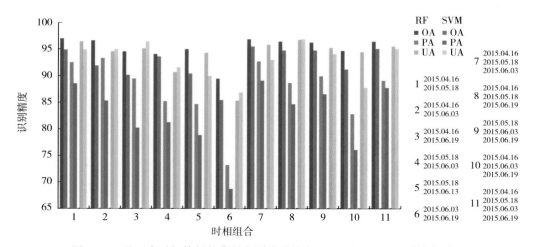

图 4.10　基于多时相特征的冀州市覆膜种植农田 RF 和 SVM 识别精度对比

2. 基于 RF 的冀州市覆膜种植农田遥感识别多时相特征重要性评价

利用 RF 特征重要性评价算法对多时相组合特征进行评价，并分析其对覆膜种植农田遥感识别精度的贡献，如图 4.11 所示。从图 4.11 中可以看出，4 月 16 日和 5 月 18 日的特征相比于其他时相的特征更重要。两时相组合特征中的前 10 个特征包括 4 月 16 日和

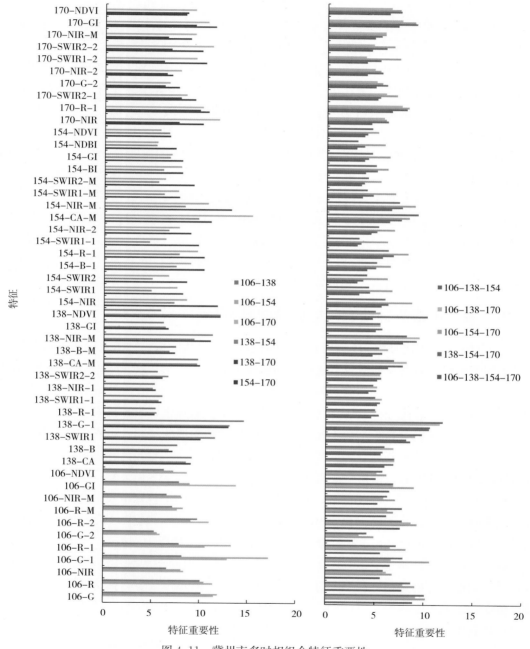

图 4.11　冀州市多时相组合特征重要性

注：106 为 4 月 16 日、138 为 5 月 18 日、154 为 6 月 3 日、170 为 6 月 19 日。

6月19日组合中的4月16日亮度指数、4月16日和5月18日组合中的5月18日绿光波段一阶导数、6月3日和6月19日组合中的6月3日第二短波红外波段均值纹理特征、4月16日和6月3日组合中的4月16日红光波段一阶导数、5月18日和6月3日组合中的5月18日绿光波段一阶导数、6月3日和6月19日组合中的6月3日第二短波红外波段、4月16日和6月19日组合中的4月16日绿度指数、4月16日和5月18日组合中的5月18日绿光波段一阶导数、5月18日和6月19日组合中的5月18日绿光波段一阶导数、4月16日和6月19日组合中的4月16日红光波段。

三时相组合特征中的前10个特征包括4月16日、5月18日和6月3日组合中的5月18日绿光波段一阶导数，4月16日、6月3日和6月19日组合中的4月16日绿度指数，5月18日、6月3日和6月19日组合中的5月18日绿光波段一阶导数，4月16日、5月18日和6月19日组合中的5月18日绿光波段一阶导数，5月18日、6月3日和6月19日组合中的5月18日绿度指数，4月16日、5月18日和6月19日组合中的5月18日绿度指数，4月16日、6月3日和6月19日组合中的4月16日红光波段二阶导数，4月16日、5月18日和6月3日组合中的5月18日绿度指数，4月16日、5月18日和6月3日组合中的5月18日第一短波红外波段，4月16日、5月18日和6月19日组合中的5月18日第一短波红外波段。三时相组合特征中的前10个特征包括5月18日绿光波段一阶导数、5月18日第一短波红外波段、5月18日绿度指数、5月18日第一短波红外波段一阶导数、5月18日近红外波段均值纹理特征。

五、冀州市覆膜种植农田空间分布特征

为了对比分析不同时相、不同特征和不同机器学习算法的覆膜种植农田遥感识别能力，以及不同特征组合对覆膜种植农田遥感识别的改善效果，本研究分别利用RF和SVM获取了基于不同时相不同特征组合的冀州市覆膜种植农田空间分布（图4.12和图4.13），并对识别结果进行对比分析。从空间分布上可以看出，冀州市覆膜种植农田集中分布在中部地区，南部地区也有分布。基于光谱特征的识别方法获取的覆膜种植农田分布范围比基于纹理特征获取的分布范围广泛且较破碎。基于纹理特征、基于光谱和纹理特征相结合的方法获取的覆膜种植农田结构特征更明显。

从图4.12和图4.13可以看出，不同特征和不同时相的覆膜种植农田之间存在一定差异。对于时相来讲，4月16日数据识别出的覆膜种植农田分布较少，而6月3日数据的结果具有较多的胡椒效应，6月19日数据西南部具有较多错误识别情况，7月5日数据的中部地区存在较多漏分现象。4月16日和5月18日获取的覆膜种植农田空间分布较合理，也与实地调查情况相符。原因是4月16日覆膜种植农田较少，尚未覆完膜；6月覆膜种植作物已处于作物生长旺盛期，其遥感信息受作物信息的影响；7月冬小麦已收割，覆膜种植农田与休耕地的混分较严重，因此其识别精度受影响。

对于特征来讲，仅利用光谱特征时，整个时间段都存在较为严重的胡椒效应，还有很多错分的现象；当仅利用纹理特征时，胡椒效应在一定程度上得到减轻，但也有错分或漏分现象。

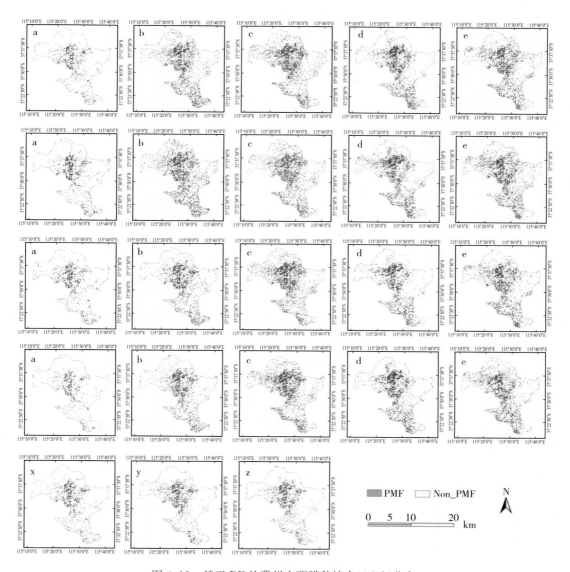

图 4.12　基于 RF 的冀州市覆膜种植农田空间分布

注：第一行为基于光谱特征的覆膜种植农田识别结果，第二行为基于纹理特征的识别结果，第三行为基于全部特征的识别结果，第四行为基于优化特征的识别结果，第五行为基于多时相组合特征的识别结果；a 为 2015.4.16、b 为 2015.5.18、c 为 2015.6.3、d 为 2015.6.19、e 为 2015.7.5、x 为两时相组合（4 月 16 日和 5 月 18 日）、y 为三时相组合（4 月 16 日、5 月 18 日和 6 月 3 日）、z 为四时相组合（4 月 16 日、5 月 18 日、6 月 3 日和 6 月 19 日）。图 4.13 同。

当利用全部 84 个特征时，获得的结果较为理想，但基于优化特征的空间分布更为合理。

对于多时相组合来讲，本书中列出了最高识别精度的两时相组合、最高识别精度的三时相组合和四时相组合的覆膜种植农田空间分布。不同时相组合之间存在一定差异但并不明显，在总体分布规律上保持着较好的一致性。冀州市覆膜种植农田集中分布在中部地区，零散分部在南部和北部地区。在两种分类器之间存在一些差异，但总体趋势一致。

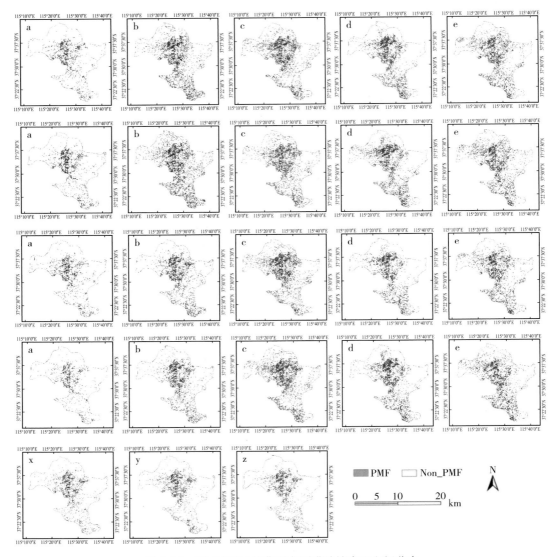

图 4.13　基于 SVM 的冀州市覆膜种植农田空间分布

六、原州区覆膜种植农田遥感识别

由于不同地区的气候条件和耕作习惯等的不同，覆膜方式、覆膜时间等也有所不同，为了分析覆膜种植农田遥感识别特征的区域差异性，在以上研究的基础上选择另外一个地区进行覆膜种植农田遥感识别研究。

1. 基于 RF 的原州区覆膜种植农田遥感识别单时相特征重要性评价

对原州区不同时相覆膜种植农田识别不同特征组进行评价时，利用 RF 特征重要性评价算法，并建立该研究区覆膜种植农田遥感识别优化特征或特征组。从单时相特征重要性评价结果可以看出（图 4.14），不同特征组的重要性不同，特征重要性随着作物生长季而发生变化。光谱特征的重要性占主导地位，这一规律基本上与冀州市的试验结果保持一致，但是原州区覆膜种植农田识别纹理特征和温度特征的重要性大于冀州市该特征的重要性。

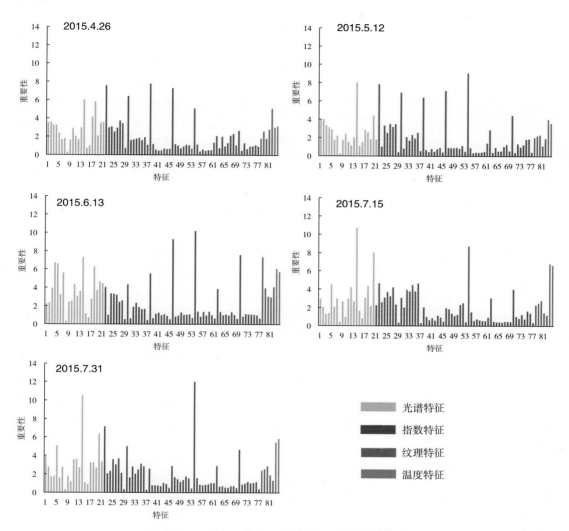

图 4.14　原州区单时相覆膜种植农田遥感识别特征重要性

与冀州市相同，原州区覆膜种植农田遥感识别不同特征组所包含的特征数量不同。因此，同样也计算了每一组特征重要性在全部特征重要性中的百分比和每组特征中的每一个特征的平均重要性百分比来说明每一个特征对原州区覆膜种植农田遥感识别中的贡献。如表 4.12 所示，任一时相纹理特征组的重要性在全部特征重要性中的比例最高，重要性比例 49.19%～58.98%；光谱特征组的重要性位居第二，其重要性比例 31.07%～35.55%；指数特征组的重要性位居第三，其重要性比例 5.41%～9.84%；温度特征组的重要性比例最低，重要比例在 3.42%～7.04%。不同特征组中的特征数量不同，因此，以特征组的重要性比例除以该组特征数量的方法求得平均特征重要性比例。研究发现在原州区覆膜种植农田遥感识别中温度特征组的平均重要性比例最高，重要性比例在 1.70%～3.52%；其次是光谱特征，平均重要性比例 1.47%～1.69%；指数特征位居第三，平均重要性比例 1.08%～1.96%；纹理特征组的平均重要性比例最低，重要性比例在 0.87%～1.05%。与冀州市相比，原州区覆膜种植农田遥感识别特征重要性有所不同，这可能归因于地物类型和数据质量不同有关系。

表 4.12　原州区不同特征组重要性比例和每一个特征平均重要性比例（%）

时相	光谱特征	纹理特征	指数特征	温度特征
4 月 26 日	31.77 (1.51)	57.00 (1.01)	7.81 (1.56)	3.42 (1.70)
5 月 12 日	31.07 (1.47)	58.98 (1.05)	5.57 (1.11)	4.37 (2.19)
6 月 13 日	35.55 (1.69)	49.19 (0.87)	9.84 (1.96)	5.42 (2.71)
7 月 15 日	33.55 (1.60)	54.00 (0.96)	5.41 (1.08)	7.04 (3.52)
7 月 31 日	33.85 (1.61)	54.25 (0.97)	5.91 (1.18)	5.99 (2.99)

　　根据 RF 评价的特征重要性进行排序，选出的前 20 个重要特征如表 4.13 所示。从表 4.13 可以看出，不同时相前 20 个重要特征不同，特征的重要性排序也不同。在覆膜种植初期（4 月 26 日），绿光波段均值纹理特征、海岸带波段均值纹理特征、红光波段均值纹理特征、蓝光波段均值纹理特征、第二短波红外波段一阶导数、红光波段二阶导数、植被指数、近红外波段均值纹理特征、绿光波段二阶导数、海岸带波段墒纹理特征依次被列为固原市原州区覆膜种植农田遥感识别前 10 个重要特征。在覆膜种植前中期（5 月 12 日），近红外波段均值纹理特征、第二短波红外波段二阶导数、海岸带波段均值纹理特征、红光波段均值纹理特征、蓝光波段均值纹理特征、绿光波段均值纹理特征、第二短波红外波段均值纹理特征、第一短波红外波段二阶导数、第一温度特征、海岸带波段被列为此时期覆膜种植农田遥感识别的前 10 个重要特征。在覆膜种植中期（6 月 13 日），前 10 个重要特征包括近红外波段均值纹理特征、红光波段均值纹理特征、第二短波红外波段均值纹理特征、亮度指数、第二短波红外波段一阶导数、红光波段、近红外波段、红光波段二阶导数、第一温度特征、第二温度特征。在覆膜种植中后期（7 月 15 日），第二短波红外波段一阶导数、近红外波段均值纹理特征、第一短波红外波段二阶导数、第一温度特征、第二温度特征、海岸带波段均值纹理特征、蓝光波段角二阶矩、近红外波段、蓝光波段异质性纹理特征、红光波段二阶导数等被列为此时覆膜种植农田遥感识别前 10 个重要特征。而在覆膜种植后期（7 月 31 日），近红外波段均值纹理特征、第二短波红外波段一阶导数、海岸带波段均值纹理特征、第一短波红外波段二阶导数、第一温度特征、第二温度特征、近红外波段反射率、蓝光波段均值纹理特征、第二短波红外波段均值纹理特征、海岸带波段等被列为此时覆膜种植农田遥感识别前 10 个重要特征。从以上分析可以得出，原州区覆膜种植农田识别特征中纹理特征和温度特征较重要，而光谱反射率导数特征较光谱反射率特征更重要。

表 4.13 基于 RF 选择的原州区不同时期覆膜种植农田遥感识别前 20 个重要特征

排序	4 月 26 日	5 月 12 日	6 月 13 日	7 月 15 日	7 月 31 日
1	G_M	NIR_M	NIR_M	SWIR2_1	NIR_M
2	CA_M	SWIR2_1	R_M	NIR_M	SWIR2_1
3	R_M	CA_M	SWIR2_M	SWIR1_2	CA_M
4	B_M	R_M	BI	BT_1	SWIR1_2
5	SWIR2_1	B_M	SWIR2_1	BT_2	BT_2
6	R_2	G_M	R	CA_M	BT_1
7	NDVI	SWIR2_M	NIR	B_ASM	NIR
8	NIR_M	SWIR1_2	R_2	NIR	B_M
9	G_2	BT_1	BT_1	B_Dis	SWIR2_M
10	CA_Ent	CA	BT_2	R_2	CA
11	B	B	SWIR2	CA_Ent	CA_Ent
12	SWIR2_2	BT_2	G_M	NIR_1	CA_Con
13	CA	CA_Dis	SWIR1_2	SWIR2_M	NIR_1
14	SWIR1_2	CA_ASM	SWIR2_2	B_Hom	R_1
15	CA_ASM	CA_Hom	B_M	B_Ent	SWIR2_2
16	G	G	R_1	B_Con	R_2
17	R	CA_Ent	NDVI	CA_Hom	G_2
18	BT_2	R	CA_M	CA_Dis	B_Ent
19	CA_Hom	SWIR1_M	GI	CA_Hom	CA_Dis
20	BT_1	NIR	G	B_M	WI

2. 基于 RF 选择特征的原州区单时相覆膜种植农田遥感识别

根据特征重要性累加百分比,建立不同特征集进行原州区覆膜种植农田遥感识别以对比分析特征优化效果。利用 SVM 和 RF 进行分类,并采用 OA、PA、UA 和 Kappa 系数对分类总体情况及覆膜种植农田识别情况进行评价。

原州区覆膜种植农田识别精度如表 4.14 所示,从表中可以看出原州区覆膜种植农田遥感识别精度因不同特征组、不同时期和不同分类器而不同。不管使用 RF 还是 SVM,基于优化特征的识别精度要明显高于基于单独光谱特征或基于单独纹理特征的识别精度,尤其是在覆膜种植初期(4 月 26 日、5 月 12 日)优化特征的效果显著,而在覆膜种植后期(6 月 13 日至 7 月 31 日)并不明显。无论用什么特征组、用什么分类器,覆膜种植初期(4 月 26 日、5 月 12 日)的识别精度均高于覆膜种植后期(6 月 13 日至 7 月 31 日)。因此,可以初步确定覆膜种植初期(4 月中旬至 5 月中旬)为原州区覆膜种植农田遥感识别最佳时期。

表 4.14　基于 RF 选择的特征组合的原州区覆膜种植农田识别精度

时相	重要性累加百分比	RF				SVM			
		OA（%）	PA（%）	UA（%）	Kappa 系数	OA（%）	PA（%）	UA（%）	Kappa 系数
4月26日	30%（9）	80.75	73.29	73.87	0.73	79.14	72.05	66.19	0.70
	50%（20）	84.08	77.64	83.47	0.78	82.66	65.53	71.28	0.76
	80%（44）	85.02	74.07	81.40	0.79	82.95	63.04	69.28	0.76
	90%（58）	84.60	72.20	83.04	0.78	84.11	63.20	71.28	0.78
	100%（84）	84.42	71.74	81.05	0.78	83.57	64.91	68.41	0.77
	光谱特征	78.45	64.91	59.71	0.70	76.15	67.70	63.19	0.66
	纹理特征	80.14	66.46	65.44	0.72	76.00	49.22	53.73	0.66
5月12日	30%（8）	84.01	74.53	71.75	0.78	86.66	73.60	78.22	0.81
	50%（18）	87.14	71.43	69.80	0.82	87.96	70.19	79.44	0.83
	80%（41）	88.25	70.34	78.92	0.83	87.74	73.14	81.07	0.83
	90%（56）	87.96	72.20	77.24	0.83	88.02	72.52	80.66	0.83
	100%（84）	88.13	73.60	79.53	0.83	87.32	69.25	79.79	0.82
	光谱特征	81.88	67.86	76.80	0.74	82.39	63.98	80.00	0.75
	纹理特征	85.39	69.41	74.50	0.80	81.42	66.77	66.05	0.74
6月13日	30%（9）	71.57	61.34	57.66	0.61	78.81	72.05	66.00	0.70
	50%（18）	74.36	64.13	57.04	0.65	80.73	73.14	65.69	0.73
	80%（41）	79.05	63.04	54.94	0.71	81.65	63.82	68.39	0.74
	90%（58）	80.18	64.91	59.29	0.72	79.67	60.40	61.65	0.72
	100%（84）	80.50	64.91	59.54	0.73	78.55	57.92	56.52	0.70
	光谱特征	70.97	56.99	59.29	0.59	75.84	69.88	59.60	0.66
	纹理特征	74.39	56.68	45.29	0.64	67.35	34.78	41.87	0.54
7月15日	30%（8）	79.91	67.08	68.35	0.72	80.42	66.61	70.56	0.71
	50%（19）	83.50	68.01	67.18	0.77	81.51	68.94	69.05	0.73
	80%（42）	83.98	66.46	61.94	0.77	82.17	74.53	56.80	0.75
	90%（55）	84.53	68.94	63.98	0.78	81.77	72.67	56.05	0.74
	100%（84）	85.19	71.58	69.01	0.79	81.32	75.78	57.68	0.73
	光谱特征	80.38	63.98	57.06	0.72	78.64	78.11	59.53	0.69
	纹理特征	77.82	68.17	66.11	0.68	76.51	54.66	57.80	0.66
7月31日	30%（8）	81.53	65.68	61.93	0.74	78.51	63.82	61.80	0.69
	50%（19）	84.42	67.86	70.14	0.78	81.78	66.77	69.02	0.74
	80%（43）	84.57	68.17	66.92	0.78	82.56	68.79	62.84	0.75
	90%（57）	85.01	69.57	67.78	0.79	82.42	67.39	68.45	0.75
	100%（84）	84.11	67.86	65.32	0.77	80.93	62.58	64.48	0.73
	光谱特征	78.23	60.71	58.71	0.69	77.64	72.98	60.65	0.68
	纹理特征	77.12	64.44	59.03	0.67	76.79	55.28	55.97	0.66

当利用 RF 时，4 月 26 日基于重要性累加百分比为 80％的特征的识别精度达最高，OA、PA、UA 和 Kappa 系数分别为 85.02％、74.07％、81.40％和 0.79；5 月 12 日基于全部特征的识别精度达最高，OA、PA、UA 和 Kappa 系数分别为 88.13％、73.60％、79.53％和 0.83；4 月 26 日基于重要性累加百分比为 50％特征的识别精度位居第二，其 OA、PA、UA 和 Kappa 系数分别为 84.08％、77.64％、83.47％和 0.78；5 月 12 日基于重要性累加百分比为 30％特征的识别精度位居第二，其 OA、PA、UA 和 Kappa 系数分别为 84.01％、74.53％、71.75％和 0.78。

对覆膜种植农田遥感识别数据来讲，4 月的遥感数据优于 5 月的数据。在覆膜种植后期（6 月至 7 月），PA 和 UA 大部分低于 70％，而且时间越往后识别精度越低。因此，覆膜种植农田遥感识别最佳时期应为 4 月。在不同分类器和特征之间存在一定差异，在固原市原州区的试验研究表明 RF 的表现要优于 SVM。

3. 基于 RF 选择的多时相组合特征的原州区覆膜种植农田遥感识别

在多时相结合试验中，基于 4 月 26 日、5 月 12 日、6 月 13 日和 7 月 15 日单时相优化特征（重要性累加百分比为 50％）建立几种不同的时相组合方式，并利用 RF 算法进行覆膜种植农田遥感识别。时相组合方式包括两时相组合、三时相组合、四时相组合三种组合方式。其中，两时相组合包括 4 月和 5 月组合、4 月和 6 月组合、4 月和 7 月组合、5 月和 6 月组合、5 月和 7 月组合、6 月和 7 月组合六种组合方式；三时相组合方式包括 4 月、5 月和 6 月的组合，4 月、5 月和 7 月的组合，4 月、6 月和 7 月的组合，5 月、6 月和 7 月组合四种组合方式；四时相组合为 4 月、5 月、6 月和 7 月的组合。从识别精度可以看出（表 4.15），基于多时相特征的原州区覆膜种植农田遥感识别最高 OA、PA、UA 和 Kappa 系数分别为 90.67％、80.90％、87.86％和 0.87，基于多时相的最高识别精度总体上高于基于单时相的最高识别精度。

表 4.15　基于时相组合特征的原州区覆膜种植农田 RF 识别精度

时相组合方式		特征数量	OA（%）	PA（%）	UA（%）	Kappa 系数
两时相组合	4 月和 5 月	38	89.17	73.91	79.60	0.85
	4 月和 6 月	38	85.08	74.53	77.42	0.79
	4 月和 7 月	37	88.53	76.71	78.54	0.84
	5 月和 6 月	36	88.20	76.09	83.19	0.83
	5 月和 7 月	35	90.89	77.80	84.77	0.87
	6 月和 7 月	35	87.75	79.35	82.82	0.83
三时相组合	4 月、5 月和 6 月	56	89.44	74.53	84.51	0.85
	4 月、5 月和 7 月	55	89.35	78.88	82.74	0.85
	4 月、6 月和 7 月	55	89.01	76.86	81.55	0.85
	5 月、6 月和 7 月	53	90.67	80.90	87.86	0.87
四时相组合	4 月、5 月、6 月和 7 月	73	90.22	78.88	85.09	0.86

4. 基于 RF 的原州区覆膜种植农田遥感识别多时相特征重要性评价

利用 RF 特征重要性评价算法，对原州区覆膜种植农田遥感识别多时相特征的重要性进行评价，揭示不同特征在时相组合特征中的贡献。从图 4.15 中可以看出，原州区覆膜

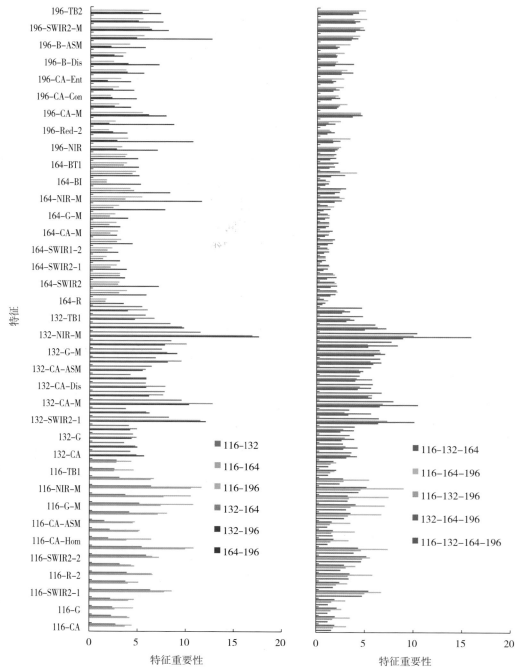

图 4.15　原州区覆膜种植农田识别多时相组合特征重要性

注：116 为 4 月 26 日、132 为 5 月 12 日、164 为 6 月 13 日、196 为 7 月 15 日。

种植农田遥感识别时相组合中 4 月 26 日和 5 月 12 日特征较其他时相特征更重要。在两时相组合中，5 月和 7 月组合中的 5 月近红外波段均值纹理特征、5 月和 6 月组合中的 5 月近红外波段均值纹理特征、5 月和 6 月组合中的 5 月海岸带波段均值纹理特征、6 月和 7 月组合中的 7 月近红外波段均值纹理特征、5 月和 7 月组合中的 5 月第二短波红外波段均值纹理特征、4 月和 6 月组合中的 4 月近红外波段均值纹理特征、6 月和 7 月组合中的 6 月近红外波段均值纹理特征、4 月和 5 月组合中的 5 月近红外波段均值纹理特征、4 月和 6 月组合中的 4 月绿光波段均值纹理特征、4 月和 7 月组合中的 4 月近红外波段均值纹理特征被列为前 10 个重要特征。在三时相组合中，5 月、6 月和 7 月组合中的 5 月近红外波段均值纹理特征，5 月、6 月和 7 月组合中的 5 月海岸带波段均值纹理特征，4 月、5 月和 6 月组合中的 5 月近红外波段均值纹理特征，5 月、6 月和 7 月组合中的 5 月第二短波红外波段一阶导数，4 月、5 月和 7 月组合中的 5 月近红外波段均值纹理特征，4 月、6 月和 7 月组合中的 4 月近红外波段均值纹理特征，5 月、6 月和 7 月组合中的 5 月红光波段均值纹理特征，4 月、5 月和 6 月组合中的 5 月海岸带波段均值纹理特征，4 月、6 月和 7 月组合中的 4 月红光波段均值纹理特征，4 月、6 月和 7 月组合中的 4 月海岸带波段均值纹理特征被列为前 10 个特征。四时相组合中，5 月近红外波段均值纹理特征、5 月海岸带波段均值纹理特征、5 月第二短波红外波段一阶导数、5 月绿光波段均值纹理特征、5 月蓝光波段均值纹理特征、5 月海岸带波段均一性纹理特征、5 月红光波段均值纹理特征、5 月第二短波红外波段均值纹理特征、4 月第二短波红外波段一阶导数、4 月第二短波红外波段二阶导数被列为覆膜种植农田遥感识别前 10 个重要特征。

七、原州区覆膜种植农田空间分布特征

基于 RF 的原州区覆膜种植农田空间分布如图 4.16 所示，原州区覆膜种植农田空间分布因不同时相、不同特征而显著不同。4 月和 5 月覆膜种植农田空间分布范围较其他时相的空间分布要小。6 月和 7 月的结果中有较大的错分和漏分现象。总体上看，4 月和 5 月的识别结果更合理。仅利用光谱特征的识别结果中存在较多的胡椒效应，错分漏分现象也较严重。当利用纹理特征时，胡椒效应得到一定程度的减轻，但错分现象仍比较严重。多时相多特征结合利用显著改善了覆膜种植农田遥感识别结果。

第五节　分析与讨论

一、最佳时相和时相组合分析

由于覆膜种植主要在 4 月至 5 月完成，而且覆膜完成之后其遥感特征受尘土和作物物候历的影响。因此，覆膜种植农田遥感识别时间范围在刚完成覆膜和完全被作物覆盖中间的时间段。在地膜覆盖完成之后，若有刮风或下雨情况，覆膜种植农田的遥感特征变为地膜和土的混合特征。另外，我国目前用的地膜是非常薄（0.006~0.008mm）的透明膜，

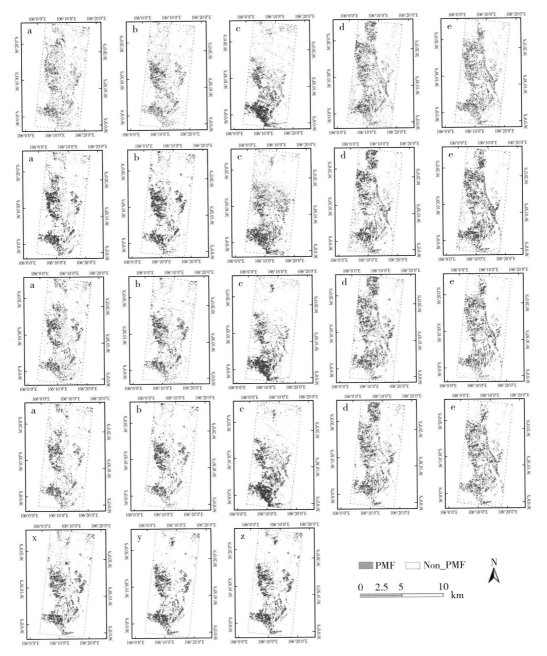

图 4.16　基于 RF 的原州区覆膜种植农田空间分布

注：第一行为基于光谱反射率的覆膜种植农田识别结果，第二行为基于纹理特征的识别结果，第三行为基于全部特征的识别结果，第四行为基于优化特征的识别结果，第五行为基于多时相组合特征的识别结果；a 为 2015.4.26，b 为 2015.5.12，c 为 2015.6.13，d 为 2015.7.15，e 为 2015.7.31，x 为两时相组合（5 月和 6 月优化特征），y 为三时相组合（5 月、6 月和 7 月），z 为四时相组合（4 月、5 月、6 月和 7 月）。

而且紧贴（覆盖）在土壤表层，因此遥感特征受土壤的影响比较严重。而到了覆膜作物出苗期，覆膜种植农田的遥感特征呈现植被和地膜的混合特征，到成熟期时完全为植被特征。因此，覆膜种植农田遥感识别有效时间段在播种期（4月）到出苗期（5月）之间，最佳时间在播种期（4月）。

二、优化特征贡献分析

利用 RF 和 SVM 特征选择方法进行了覆膜种植农田遥感识别特征优化，结果表明特征优化显著提高了覆膜种植农田识别精度。在此基础上，通过对比分析混淆矩阵要素来解释特征优化效果。表 4.16 中给出了最高识别精度的混淆矩阵和最低识别精度的混淆矩阵。从表 4.16 中明显可以看出，最低识别精度（基于单独纹理特征的分类）的混淆矩阵对角线以外的因素远大于最高识别精度（基于 4 月和 5 月特征结合的分类）的混淆矩阵对角线以外的因素。这说明特征优化之后能够减轻地物之间的混淆情况，更好地分隔不同地物类型。特征优化之后，覆膜种植农田与裸土、覆膜种植农田与不透水层之间混淆明显降低。覆膜种植农田与裸土之间的混淆从 18.30% 降低到 4.38%，而覆膜种植农田与不透水层之间的混淆从 26.02% 降低到 7.11%，以及其他地物之间的混淆情况也得到了有效减轻。因此，覆膜种植农田遥感识别特征优化选择能有效提高其识别精度和效率。

表 4.16　最高识别精度和最低识别精度的混淆矩阵对比分析

特征	地物类型	水体	植被覆盖区	覆膜种植农田	裸土	不透水层
单独纹理特征（最低识别精度）	水体	69.59	1.64	0.20	1.03	6.13
	植被覆盖区	13.51	68.09	5.89	15.46	11.09
	覆膜种植农田	2.03	3.95	63.82	18.30	1.32
	裸土	4.73	10.20	26.02	56.96	2.32
	不透水层	10.14	16.12	4.07	8.25	79.14
优化多特征（最高识别精度）	水体	100.00	0.00	0.00	0.00	0.00
	植被覆盖区	0.00	99.84	0.00	0.00	0.00
	覆膜种植农田	0.00	0.00	92.48	4.38	0.00
	裸土	0.00	0.16	7.11	93.56	0.66
	不透水层	0.00	0.00	0.41	2.06	99.34

三、与已有研究结果的对比分析

从国内外研究进展可以得知，目前覆膜种植农田遥感识别研究很缺乏。已发表论文中有两篇论文是采用光谱反射率或光谱指数的阈值方法。然而，覆膜种植农田遥感特征随时间的变化快、区域差异大，因此阈值法的普适性有待进一步研究确定。

从表 4.17 可以看出，已有研究结果和本书的研究结果之间存在一定差异。OA 在 92.84%～97.82%，UA 在 90.58%～96.40%。在所用数据和研究区相同的情况下，本研究的结果优于已有研究结果（Hasituya et al.，2016），OA 提高 3 个百分点左右，UA 提高 6 个百分点左右。这主要归因于本研究利用的数据和方法，基于多时相数据多种特征的识别效果优于基于单时相数据的识别精度。基于集成机器学习算法 RF 的识别结果优于基于单一机器学习算法 SVM 的识别结果。基于 Landsat 系列数据的覆膜种植农田识别精度（Lu et al.，2014；Hasituya et al.，2016）高于基于 MODIS 数据的识别精度（Lu et al.，2015），这个可以从数据的空间分辨率、研究区土地覆盖类型和地块大小几个方面来解释。MODIS - NDVI 数据的空间分辨率为 250m，Landsat 卫星数据的空间分辨率为 30m。加之我国农田地块小、分布破碎，因此，低空间分辨率数据存在比较严重的混合像元问题，其识别精度要低于高中空间分辨率数据。从研究区来讲，相对于河北地区，新疆地区覆膜种植农田分布破碎度较轻、连片分布的较多，因此，在新疆地区基于 Landsat 卫星数据的结果优于河北地区的识别结果，新疆地区用低空间分辨率数据也能得到较好的识别结果。

表 4.17　已有研究结果

序号	OA（%）	PA（%）	UA（%）	Kappa 系数	所用数据	研究区	参考文献
1	92.84	99.70	94.58	0.92	MODIS - NDVI	新疆	Lu et al.，2015
2	97.82	100.00	95.90	0.97	TM	新疆	Lu et al.，2014
3	94.14	90.67	90.58	0.92	OLI	河北	Hasituya et al.，2016
4	97.01	92.48	96.40	0.96	OLI	河北	本书

四、研究区之间的差异分析

本研究在两种不同覆膜种植方式的研究区采用同样的技术流程进行了覆膜种植农田遥感识别研究，研究表明在两个研究区之间存在一些差异但差异不大。冀州市覆膜种植农田识别精度高于原州区，可归于分类体系和地物类型分布格局，冀州市地物分布较均匀、类型较简单，原州区地物类型相对较多、分布不均匀，从而导致识别精度差异。此外，原州区的覆膜方式有秋季覆膜、早春覆膜和播前覆膜三种。本研究中利用的数据为 4 月至 7 月数据，因此在数据获取时间和覆膜时间的匹配度上可能存在一些出入而导致较低的识别精度。

五、研究方法之间的差异分析

本研究中利用两种机器学习分类方法，其中 SVM 为单一的机器学习算法，而 RF 为集成机器学习算法，RF 在抗噪声、鲁棒性、运算效率方面优于 SVM（具体内容可参考第一章国内外研究进展和方法介绍）。

第六节 本章小结

本章利用 Landsat-8 数据，分别开展基于单时相多种特征和基于多时相多特征的覆膜种植农田遥感识别研究，从而确定覆膜种植农田遥感识别最佳时间窗口、优化特征及时相组合方式。因此，可得到以下结论：一是对于数据源来讲，Landsat-8 是我国北方覆膜种植农田遥感识别的有效数据源，采用该数据在冀州市覆膜种植农田识别精度能够达到 97.01%，在原州区的识别精度能够达到 90.67%；二是对于特征来讲，光谱特征普遍优于其他特征，指数特征和纹理特征的表现较温度特征好，所有优化多特征的表现优于单独纹理特征；三是对于识别时间窗口来讲，有效识别时间窗口为 4 月中旬至 5 月中旬，最佳识别时间为 4 月，其次为 5 月，多时相结合特征优于单时相特征，其中 4 月和 5 月相结合特征的表现最好；四是对于识别方法来讲，不论是在特征选择上还是在分类精度和效率上，RF 都优于 SVM。

第五章　基于雷达遥感数据的覆膜
　　　　　种植农田遥感识别

众所周知，准确获取覆膜种植农田空间分布信息对于权衡该技术的利弊是必不可少的基础环节。然而，由于覆膜种植农田光谱特征会随着作物物候期和地理区域而发生变化，从而导致覆膜种植农田光谱特征的高度变异性。除此之外，光学遥感数据容易受云雨天气的影响，导致不能获取有效观测数据，此问题在我国南方热带、亚热带地区尤其明显。这充分说明了在覆膜种植农田遥感制图中仅依靠光学遥感数据具有很大的局限性，不能满足覆膜种植农田遥感制图的需求。

与光学遥感不同，微波遥感用微波设备进行探测，接收被探测物体在微波波段（波长为1mm～1m）的电磁辐射和散射特性，以识别远距离物体的技术，是20世纪60年代后期发展起来的一门遥感技术。与可见光、红外遥感技术相比，微波遥感技术具有全天候昼夜工作能力，能穿透云层，不易受天气（特别是云雨天气）条件和日照水平的影响，可全天候、全天时获取影像数据。由于其具有一定的穿透能力，能够探测地表下目标，能获得较深层的信息，所取得的信息与被观测物体的结构、电学特性及表面状态有关，能提供结构、距离等更丰富的信息。

根据微波遥感的工作原理，可分为主动微波遥感（或有源微波遥感）和被动微波遥感（或无源微波遥感）两种类型。主动微波遥感是通过传感器（主要为雷达遥感）向探测目标发射微波信号并接收其与目标作用后的后向散射信号，形成遥感数字图像或模拟图像。主动微波遥感可分为侧视雷达遥感和全景雷达遥感。被动微波遥感则是利用微波辐射计或微波散射计等传感器接收自然状况下地面反射和发射的微波，通常不能形成影像。前者的应用较为广泛，并根据向地面发射微波波束的天线特点，分为真实孔径雷达系统和合成孔径雷达系统。由于微波的波长比可见光、红外线要长几百至几百万倍，因此微波遥感器所获得的影像空间分辨力较低。为了提高微波遥感器的分辨能力，利用相干信号处理技术（合成孔径技术）进行改进。

合成孔径雷达（Synthetic Aperture Radar，SAR）是主动发射脉冲的雷达系统，是利用孔径合成和脉冲压缩技术获取雷达影像的先进技术（安健，2014）。相对于光学和热红外遥感，雷达系统具有全天候全天时的观测特点，不受云雨雾霾天气的影响，具有一定穿透能力，而且波长越长其穿透力越强。经过近半个世纪的发展，SAR 现在已经形成了多波段、多模式、多极化、多分辨率成像技术体系。SAR 数据主要记录地物表面粗糙度、形状、结构和介电特性等信息。雷达图像的灰度值是目标地物的后向散射回波强度和相位信息，通常以后向散射系数或后向散射截面面积来表示。SAR 影像数据包含着较完整的散射信息，能够完整揭示地物的散射机理（邓少平，2013）。因此，SAR 信息在目标识别、地物分类及参数反演中具有非常重要的地位。SAR 遥感的应用领域也在从地形测绘、土地覆盖分类（Maher et al.，2016；Qi et al.，2012）、作物类型识别（Heine et al.，2016；Koppe et al.，2013；Liu et al.，2013）、作物物候监测（Lopez-Sanchez et al.，2014）、土壤水分反演（Hajnsek et al.，2009）、生物量和作物产量估算等拓展到积雪监测、洪水测绘（Insom et al.，2015）、海岸线监测（Liu et al.，2016；Nunziata et al.，2016）和海面环境监测（Zhang et al.，2017；Ivonin et al.，2016）等多个领域。除了频率和相位之外，极化是电磁波的另一个重要特性。极化信息是一种与几何结构、方向、形状、湿度及表面粗糙度等特性高度相关的电磁极化状态处理与分析的全矢量特性（安健，2014）。极化雷达能提供地物在不同极化状态下电磁波的后向散射信息。极化信息的获取在很大程度上以量的形式表达了地物的散射特性，提高地物之间的散射差别。对同一种地物，不同极化方式收到的散射回波不同。极化雷达可分为单极化、多极化、全极化等方式。全极化 SAR 是通过合成任意一种极化态组合下记录后向散射功率（振幅信息）和相位，提供了更多的地物散射信息，包括雷达后向散射系数、散射熵、同极化率、交叉极化率、极化度和同极化相位差等。单极化 SAR 是通过合成特定的发射和接收组合下记录有限的信息。多极化 SAR 是以多波段的形式测量目标散射信息。SAR 技术将为目标识别、地物分类、目标参数反演等提供技术支撑。

　　通过对以往发表论文的综述发现，目前覆膜种植农田遥感识别研究主要利用光学遥感数据，很少利用合成孔径雷达遥感数据开展相关研究。相对于光学遥感数据和热红外遥感数据，SAR 雷达遥感数据具有显著的优势，具有全天候、全时观测能力、穿透云层，以及记录地物的结构、表面粗糙度、形状和介电常数等信息的能力（Yang et al.，2015）。SAR 数据散射信息可以用来揭示物体散射机制。所以，SAR 遥感在目标识别、地物类型分类和定量参数反演中起着非常重要的作用。SAR 数据的极化分解是一种分离物体复杂散射机制的技术。极化分解可以将复杂的散射机制简化为几种与目标的物理结构有关的简单的散射机制。从而，可以分析物体的散射特性，并基于简单的散射机制分类土地覆盖类型（Qi et al.，2012）。极化分解可以分为基于散射矩阵的相干分解和基于协方差矩阵或相干矩阵的非相干分解。相干分解方法包括 Krogager 分解、Huynen 分解、Cameron 分解等。非相干分解方法包括 Freeman 分解、Yamaguchi4 分解和 H/A/Alpha 分解（You et al.，2014）。通过这些极化分解方法，可以定量表达 SAR 散射机制中的单次散射、双次散射和随机散射强度。覆膜种植使地表粗糙度、土壤温湿度发生变化，因此，在理论上覆膜种植农田的后向散射和极化分解特性不同于其他地物。已有研究为使用高分辨率 C 波段 SAR 数据及其极化分解特征进行覆膜种植农田遥感制图提供了新的视角。本章基于

Radarsat - 2 数据，结合 SAR 数据后向散射强度、极化分解与机器学习算法，探索雷达数据对覆膜种植农田遥感识别潜力。

第一节　研究区及雷达遥感数据介绍

一、研究区及雷达数据

本章的研究区也是冀州市和原州区，卫星数据为 C 波段全极化 Radarsat - 2 雷达卫星数据。Radarsat - 2 是加拿大高分辨率商用 C 波段全极化雷达卫星。空间分辨率为 8m，重访周期为 24d，幅宽为 25km×25km。本研究购买了冀州市 2015 年 4 月 25 日和原州区 2015 年 4 月 27 日的两景 Radarsat - 2 全极化数据，如表 5.1 所示。冀州市 Radarsat - 2 数据中心经纬度为 37°37′N/115°27′E，左上角经纬度为 37°43′N/115°18′E，右上角经纬度为 37°29′N/115°21′E，左下角经纬度为 37°46′N/115°34′E，右下角经纬度为 37°32′N/115°37′E。原州区 Radarsat - 2 数据中心经纬度为 36°03′N/106°07′E，左上角经纬度为 36°09′N/105°58′E，右上角经纬度为 35°54′N/106°01′E，左下角经纬度为 36°11′N/106°13′E，右下角经纬度为 35°57′N/106°17′E。在雷达数据预处理过程中使用 NEST 雷达数据处理软件对两个研究区的雷达数据进行预处理，预处理包括辐射定标、滤波、几何校正等。通过辐射定标将原始的数据转换成后向散射系数数据。使用 Lee - Refined 滤波法在 7×7 的滤波窗口对斑点噪声滤波处理消除噪声的影响。最后再进行几何校正处理，得到在空间上与光学遥感数据相匹配的雷达数据。

表 5.1　冀州市、原州区 Radarsat - 2 卫星数据参数

参数	冀州市	原州区
宽度	25km	25km
波长/频率	C 波段（5.405GHz，5.54cm）	C 波段（5.405GHz，5.54cm）
极化	全极化 HH/VV/HV/VH	全极化 HH/VV/HV/VH
测距分辨率	4.73m	9.14m
方位分辨率	4.74m	5.18m
入射角	25.91°	30.42°
重访周期	24d	24d
获取日期	2015 年 4 月 25 日	2015 年 4 月 27 日
中心位置	37°37′N/115°27′E	36°03′N/106°07′E
左上角位置	37°43′N/115°18′E	36°09′N/105°58′E
右上角位置	37°29′N/115°21′E	35°54′N/106°01′E
左下角位置	37°46′N/115°34′E	36°11′N/106°13′E
右下角位置	37°32′N/115°37′E	35°57′N/106°17′E

二、样本数据

由于订购的 Radarsat‑2 雷达数据的范围比光学遥感范围小，因此对前面研究中所利用的样本数据进行了相应处理。在本章中利用的样本数据如表5.2和图5.1所示，主要用于覆膜种植农田遥感识别特征分析、作为覆膜种植农田遥感识别的训练样本和验证样本。

表5.2　冀州市、原州区土地覆盖类型及样本数据（个）

类型	冀州市	原州区
覆膜种植农田	189	161
不透水层	165	139
植被覆盖	197	101
水体	64	30
裸土	93	71
大棚	—	30
山地	—	121
合计	708	653

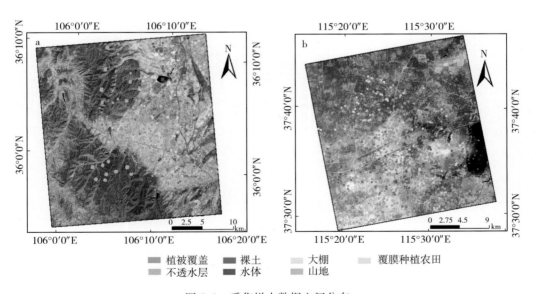

图例：
■ 植被覆盖　■ 裸土　□ 大棚　□ 覆膜种植农田
■ 不透水层　■ 水体　■ 山地

图5.1　采集样本数据空间分布

注：a为原州区土地覆盖类型样本，b为冀州市土地覆盖类型样本，图中影像为 GF‑1 的 RGB 合成（R为近红外、G为红色、B为绿色）。

第二节　覆膜种植农田遥感识别雷达遥感特征提取及分析

本部分的研究技术路线如图 5.2 所示。首先，对 Radarsat‑2 数据进行校准、过滤（使用 7×7 精制 Lee 过滤器）和地理校正。然后，获得后向散射强度，并使用 PolSARpro 软件（http：//earth.eo.esa.int/polsarpro）从 S 矩阵中提取相干矩阵 T3，相干矩阵 T3 包含所有的极化信息。采用 Krogager 分解、Freeman 分解、Yamaguchi4 分解和 H/A/Alpha 分解算法，共提取了 17 个不同的极化分解特征。将后向散射强度和极化分解特征结合起来形成包括 24 个特征的多波段图像数据，再利用 RF 进行特征重要性评价。最后，使用 RF 和 SVM 两种机器学习算法对冀州市和原州区两个研究区进行覆膜种植农田遥感识别与评定识别精度。

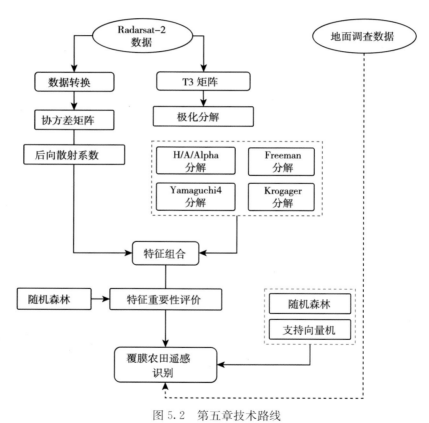

图 5.2　第五章技术路线

一、覆膜种植农田 Radarsat‑2 影像后向散射特征分析

在预处理后的不同极化方式通道影像上提取后向散射系数的平均值，分析地物类型之间的后向散射特征与极化分解特征上的差异性。图 5.3、图 5.4 分别为冀州市和原州区不

同地物类型后向散射强度均值。

　　从图 5.3 可以看出，冀州市覆膜种植农田和裸土的后向散射强度非常相似，尤其在交叉极化（VH 和 HV）上的平均值基本彼此重叠。在同极化（VV 和 HH）上情况略好一些，但可分离性仍然较差。在雷达数据上的覆膜种植农田和不透水层之间的可分离性比在光学影像上的可分离性好很多。从图 5.4 同样可以看出，原州区覆膜种植农田在交叉极化（VH 和 HV）上的后向散射强度与其他土地覆盖类型的分离度较差。在同极化（VV 和 HH）的分离度优于交叉极化，且 HH 的分离度优于 VV 的分离度。由此可以看出，雷达遥感数据和光学遥感数据在覆膜种植农田识别上具有互补性。

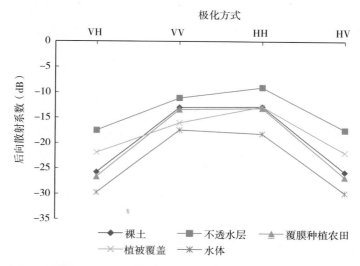

图 5.3　冀州市不同土地覆盖类型 Radarsat - 2 影像后向散射强度

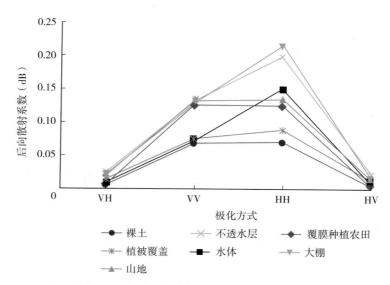

图 5.4　原州区不同土地覆盖类型 Radarsat - 2 影像后向散射强度

二、覆膜种植农田后向散射极化分解特征提取

SAR 发射波的极化状态受地物结构的影响，因此极化状态特征可以用于不同地物类型的识别。散射矩阵记录的是地物散射集合的平均散射特性，直接利用此类特征进行地物识别具有一定难度。极化分解是对地物集合散射机制进行分离的技术。通过极化分解方法可以对复杂的集合散射机制进行简化，得到几种单一的散射机制。在单一的散射机制上进行地物散射特性的理解与分析，从而更好地识别地物。极化分解一般可分为基于散射矩阵的相干分解和基于协方差矩阵或相干矩阵非相干分解（王文光，2007）。相干分解方法主要包括 Krogager 分解、Huynen 分解和 Cameron 分解等。非相干极化目标分解主要包括 Freeman 分解（包括三成分和两成分分解）、Yamaguchi 四成分分解、H/A/Alpha 分解等（游彪，2014）。在相干分解中要求散射矩阵具有不随时间变化的特性，而在现实中大部分目标地物具有时空变异性，即散射矩阵元素都是随时间发生变化的。在这种情况下一般采取求解散射矩阵时间平均或空间平均，得到协方差矩阵或相干矩阵等，对这些矩阵的分解就是非相干分解。通过极化分解能够定量表达地物散射机理中的单次散射、偶次散射及随机散射的强度。本研究中采用了 H/A/Alpha 分解、Krogager 分解、Freeman 分解、Yamaguchi4 分解四种极化分解方法对两个研究区 Radarsat－2 数据进行极化分解，提取不同的极化分解特征。

1. H/A/Alpha 分解简介

H/A/Alpha 分解是一种物理意义明确、方法原理简单、易于实现、应用最广泛的一种基于散射矩阵的相干目标极化分解方法（裴静静，2012）。H/A/Alpha 分解可以得到平均散射角（Alpha，α）、散射熵（Entropy，H）、反熵（Anisotropy，A）等，α 是 $0°\sim 90°$ 连续变化的区间参量，代表散射机理的类型。当 $\alpha=0°$ 时，其代表的散射机理为表面散射（奇次散射）；当 α 在 $0°\sim 45°$ 时，其代表的散射机理为偶极子散射（体散射）；当 $\alpha>45°$ 时，其代表的散射机理为二面角散射；当 $\alpha=90°$ 时，其代表二面角或者螺旋线散射。H 代表的是散射的随机性，取值范围在 $0\sim 1$。当 $H=0$ 时，属各向同性，代表散射处于完全极化状态；当 $H=1$ 时，属各向异性，散射过程完全为随机散射，此时无法获得任何极化信息。因此，$0<H<1$ 说明散射由完全极化到完全随机散射的随机性。A 是散射熵 H 的补充，H 很高或很低时，反熵将不能提供有效的补充信息。在实际中散射熵在 $H>0.7$ 的情况下，其不能提供有效信息，反熵 A 作为进一步识别的来源（Van Beijma et al.，2014；王文光，2007；游彪，2014）。除了平均散射角、散射熵、反熵外，本研究中还采用了高熵多次散射参数（Combination_1mH1mA）、高熵平面散射参数（Combination_1mHA）、低熵多次散射参数（Combination_H1mA）、低熵平面散射参数（Combination_HA）等极化分解特征。

2. Krogager 分解简介

Krogager 分解是于 1990 年提出的一种基于散射矩阵的将目标散射分解成螺旋体（Helix）散射、二面角（Diplane）散射和球（Sphere）散射之和的相干分解方法。Krogager 分解能分解出 Ks、Kh 和 Kd 三个散射分量,其中 Ks 为分解出的球散射成分的贡献量、Kh 为分解出来的螺旋体散射成分的贡献量、Kd 为分解出来的二面角散射成分的贡献量。Krogager 分解适合于高分辨率的合成孔径雷达数据的分析(裴静静,2012)。Krogager 分解将散射矩阵分解成常见的散射体成分之和的易于进行散射机理解释的分解方法。分解出的系数可以作为目标散射机理的描述,也可以是目标散射特征的贡献量。但是这种相干分解算法只能分解出简单的三种散射机理,而对极化信息的应用并不充分。而且只能用于相干目标的分解,对于非相干目标(分布目标)不适用(王文光,2007)。

非相干目标的散射分解不能用散射矩阵,而需要用二阶统计量来刻画其极化特性,可以利用 Stokes 矩阵、MULLER 矩阵、协方差矩阵,或也可以用相干矩阵。此类分解算法有 Freeman 分解、Yamaguchi4 分解、Van Zyl 分解或 Cloude - Pottier 分解等。因此,本研究采用了 Freeman 分解和 Yamaguchi4 分解两种分解方法对 Radarsat - 2 数据进行极化分解处理。

3. Freeman 分解简介

Freeman 分解是于 1998 年提出的基于散射模型(协方差矩阵)的非相干分解方法。该方法是通过将在协方差矩阵中复杂极化信息转化为面散射(Surface Scattering)、偶次散射(Double - bounce Scattering)和体散射(Volume Scattering)三部分散射分量(能量)来进行建模的算法(王平等,2016;吴婉澜等,2010)。Freeman 分解具有揭示目标散射机理的作用,而且也具有一定的降斑作用。

4. Yamaguchi4 分解简介

Yamaguchi4 分解是 Freeman 分解的进一步扩展。Yamaguchi4 分解参数是在 Freeman 分解的三种散射机理面散射、偶次散射和体散射的基础上,引入了螺旋体散射(Helix)。在分解思路和方法上与 Freeman 分解很相似,但并不完全一致(裴静静,2012)。本研究雷达数据极化分解特征提取都在 PolSARpro 软件里进行,所利用极化分解方法和提取的特征参数如表 5.3 所示。

表 5.3 基于 Radarsat - 2 的覆膜种植农田遥感识别极化分解特征提取

极化分解方式	极化分解参数名称	极化分解参数英文名称	简称
Yamaguchi4 分解	Yamaguchi4 分解偶次散射分量	Yamaguchi4_Dbl	Y_Dbl
	Yamaguchi4 分解螺旋散射分量	Yamaguchi4_Hlx	Y_Hlx
	Yamaguchi4 分解奇次散射分量	Yamaguchi4_Odd	Y_Odd
	Yamaguchi4 分解体散射分量	Yamaguchi4_Vol	Y_Vol
Freeman 分解	Freeman 分解偶次散射分量	Freeman_Dbl	F_Dbl
	Freeman 分解奇次散射分量	Freeman_Odd	F_Odd
	Freeman 分解体散射分量	Freeman_Vol	F_Vol

（续）

极化分解方式	极化分解参数名称	极化分解参数英文名称	简称
	平均散射角	Alpha	Alpha
	反熵	Anisotropy	Anisotropy
	散射熵	Entropy	Entropy
H/A/Alpha 分解	高熵多次散射参数	Combination_1mH1mA	C_1mH1mA
	高熵平面散射参数	Combination_1mHA	C_1mHA
	低熵多次散射参数	Combination_H1mA	C_H1mA
	低熵平面散射参数	Combination_HA	C_HA
	球散射分量	Krogager_Ks	K_Ks
Krogager 分解	螺旋体散射分量	Krogager_Kd	K_Kd
	二面角散射分量	Krogager_Kh	K_Kh

三、机器学习算法

本章中同样采用 RF 和 SVM 进行基于雷达数据的覆膜种植农田识别研究。前面的基于光学遥感数据的研究表明，当利用光学数据时 RF 的识别精度和运算效率都优于 SVM 的识别精度。在本章中进一步对比验证这两种机器学习算法在基于雷达数据的覆膜种植农田遥感识别精度和效率。利用 RF 特征重要性评价算法对雷达数据后向散射特征和极化分解特征进行重要性评价，根据评价结果进行特征优化选择。基于优化特征，利用 RF 和 SVM 两种机器学习算法进行覆膜种植农田遥感识别。由于 RF 计算效率高、对异常值和噪声具有鲁棒性，且可用于评估变量重要性而广泛用于遥感影像分类研究。RF 需要预设树的数量和变量的数量两个参数，本研究中设置 500 棵树和输入特征数的平方根为变量数量。SVM 使用结构风险最小化原则，而不是经验风险最小化。本研究使用径向基核函数 SVM，其参数 c 和参数 g 设置范围在 $0.001 \sim 1\,000$，乘数为 10。

四、精度评价与显著性检验

利用混淆矩阵进行基于雷达数据的覆膜种植农田遥感识别精度评价，评价参数包括 OA、PA、UA、Kappa 系数四个。

Z 检验是一种分类精度的显著性检验方法，进一步进行 K 统计量的统计学显著性和不同分类方案的显著性差异的检验。对单个误差矩阵进行 Z 检验，证明分类是有意义的且明显优于随机分类。单个误差矩阵显著性统计量计算公式如下：

$$Z = \frac{k}{\sqrt{\mathrm{Var}(k)}} \tag{5.1}$$

式（5.1）中，k 表示误差矩阵的 Kappa 统计量的估计值；$\mathrm{Var}(k)$ 表示 k 方差的相应估计值。在 99% 的置信水平下，临界值为 2.58。因此，如果 Z 检验统计量的绝对值大于 2.58，则结果是稳定且显著的。

通过该测试，还可以对比两种统计分析、不同时间的相同分析、两种算法或两种类型图像，并检查哪个精度更高。本研究为了验证不同特征集和不同分类器的有效性，对不同分析的成对误差矩阵进行了 Z 检验。检验两个独立误差矩阵是否具有显著差异，检验统计量的计算公式如下：

$$Z = \frac{|k_1 - k_2|}{\sqrt{\mathrm{Var}(k_1) + \mathrm{Var}(k_2)}} \tag{5.2}$$

式（5.2）中，k_1 和 k_2 分别表示误差矩阵 1 和误差矩阵 2 的 Kappa 统计量的估计值。$\mathrm{Var}(k_1)$ 和 $\mathrm{Var}(k_2)$ 是根据适当的方程计算得出的 k 方差的相应估计值。在 99% 的置信水平下，临界值为 2.58。因此，如果 Z 检验统计量的绝对值大于 2.58，则两者存在显著差异。

第三节　基于 Radarsat - 2 数据的覆膜种植农田遥感识别

一、覆膜种植农田识别雷达数据特征重要性评价

本章同样利用 RF 算法对覆膜种植农田识别雷达数据后向散射特征和极化分解特征进行重要性评价。所提取特征包括 Radarsat - 2 影像后向散射系数（VH、HH、VV、HV）、相干系数矩阵元素（T_{11}、T_{22}、T_{33}）、极化分解（H/A/Alpha 分解、Freeman 分解、Yamaguchi4 分解、Krogager 分解）特征等一共 24 个特征。首先，利用 RF 重要性评价算法对这组特征进行重要性评价，重复 10 次，求平均重要性以避免不同运行之间的差异。根据平均重要性对特征进行降序排列，并计算累积平均重要性。再根据特征重要性的累积百分比构建不同的特征集，如 80%、90% 和 100% 的累积百分比，作为覆膜种植农田识别的输入特征。为了分析特征优选算法的差异，另采用 SVM 特征选择算法进行特征选择，并对比分析 RF 和 SVM 在特征选择上的差异。SVM 特征选择使用后向/前向消除方法，并选择固定数量的排名靠前的特征，为进一步分类提供更大类间距离。本研究选择了前 10、15 和 24 个特征进行冀州市覆膜种植农田遥感识别，并进行对比分析。

覆膜种植农田识别特征重要性排序如图 5.5 所示。Freeman、Yamaguchi4、Krogager 三种极化分解特征对覆膜种植农田识别的贡献较小，而 H/A/Alpha 分解的极化分解特征较重要。冀州市覆膜种植农田识别雷达数据特征重要性排序依次为 Alpha、Entropy、VH、HV、C_1mH1mA、C_H1mA、C_1mHA、C_HA、Y_Odd 和 Anisotropy 特征。原州区覆膜种植农田识别雷达数据特征重要性排序依次为 Alpha、VH、HH、VV、HV、Entropy、C_H1mA、C_1mH1mA、C_1mHA 和 C_HA 特征。

覆膜种植农田遥感识别中较重要特征的影像特征如图 5.6 所示，图中红色区域表示覆膜种植农田。从图 5.6 上可以看出，覆膜种植农田的 Alpha、Entropy、C_H1mA 和 C_HA 影像灰度值比其他地物深，但没有水体深，而在 C_1mH1mA、C_1mHA 影像上体现浅色。

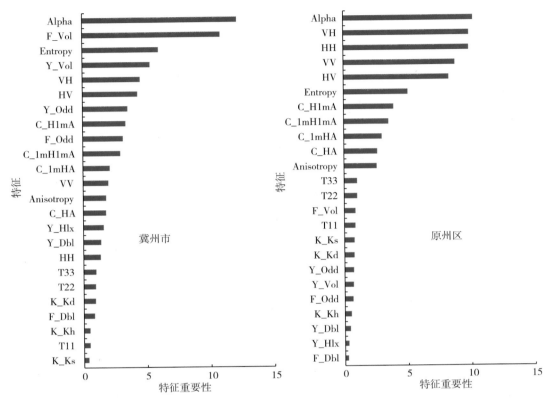

图 5.5　冀州市和原州区覆膜种植农田识别 Radarsat - 2 SAR 特征重要性

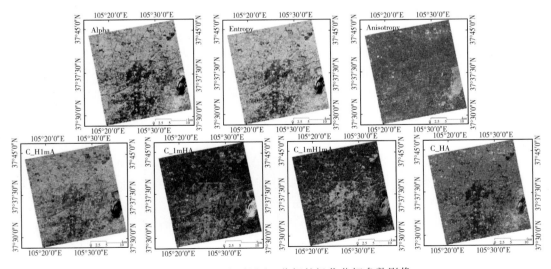

图 5.6　基于 H/A/Alpha 分解的极化分解参数影像

二、基于雷达数据的覆膜种植农田遥感识别

根据 RF 评价的特征累加重要性，建立不同特征组合，分别利用 RF 和 SVM 两种机器学习算法对冀州市和原州区覆膜种植农田进行识别，并进行精度评价。识别精度如表 5.4 所示，从表 5.4 中可以看出，基于 Radarsat – 2 数据的覆膜种植农田识别精度均较低。

表 5.4　基于 Radarsat – 2 数据的覆膜种植农田识别精度（%）

分类器	重要性累加百分比	冀州市				原州区			
		OA	CI of OA	PA	UA	OA	CI of OA	PA	UA
RF	100%	74.82	74.00～75.64	85.31	66.73	64.21	63.67～64.75	74.49	51.93
	90%	73.81	72.98～74.6	80.73	67.56	63.49	62.95～64.03	72.80	51.88
	80%	73.36	72.53～74.19	79.82	67.46	63.26	62.72～63.80	72.29	52.14
	后向散射	59.75	58.83～60.67	68.29	52.71	56.83	55.28～57.38	65.43	49.69
SVM	100%	73.45	72.62～74.28	84.51	66.44	63.97	63.43～64.51	70.85	51.13
	90%	73.06	72.22～73.90	65.84	66.44	62.81	62.27～63.35	69.57	50.92
	80%	73.14	72.30～73.98	78.79	67.24	62.11	61.57～62.65	69.56	50.32
	后向散射	58.25	57.32～59.18	66.21	50.73	53.97	53.41～54.53	67.54	49.53

注：CI 表示 95% 置信区间。

对冀州市来讲，基于雷达数据的覆膜种植农田遥感识别最高 OA、PA、UA 分别为 74.82%、85.31% 和 67.56%。基于单独后向散射系数四个极化通道（VH、HH、VV、HV）的识别精度特别低，OA、PA、UA 分别为 59.75%、68.29% 和 52.71%，基本不能满足实际应用需求。然而，引入不同极化分解特征之后，其识别精度有所提高。但 OA 仍低于 80%，UA 也达不到 70%。基于 SVM 的识别精度更低于 RF 的识别精度。

对原州区来讲，基于雷达数据的覆膜种植农田遥感识别精度最高 OA、PA、UA 分别为 64.21%、74.49% 和 52.14%。基于单独后向散射系数四个极化通道（VH、HH、VV、HV）的识别精度同样很低，OA、PA、UA 分别为 56.83%、65.43% 和 49.69%。引入极化分解特征之后，其识别精度有所提高，但 OA 仍然达不到 70%，PA 也达不到 75%，UA 在 50% 左右。同样 RF 的表现优于 SVM。

总的来讲，极化分解信息的加入能够将 OA 提高 7～15 个百分点。在冀州市和原州区，RF 分类器的表现优于 SVM。精度评价之后，进行了 Z 检验以确定每个分类精度的统计学显著性。表 5.5 给出了 RF 算法、SVM 算法的最高识别精度和最低识别精度之间的 Z 检验值，表 5.6 给出了冀州市、原州区覆膜种植农田识别不同特征和不同分类器之间进行的 Z 检验值。从表 5.5 可以看出，冀州市的基于 RF 和 SVM 算法的 Z 检验值大于 99.26，而在原州区则大于 5.63。不同研究区不同分类的显著性检验得出的 Z 检验值均高于 2.58。这表明这些分类都是有意义的，并且明显优于 99% 置信水平的随机分类。

表5.5　研究区覆膜种植农田识别精度显著性检验Z检验值

分类器	特征	Kappa系数		Z检验值		p
		冀州市	原州区	冀州市	原州区	
RF	最高识别精度	0.667	0.531	163.56	7.19	<0.005
	最低识别精度	0.469	0.439	101.38	16.95	<0.005
SVM	最高识别精度	0.649	0.649	156.25	6.84	<0.005
	最低识别精度	0.401	0.411	99.26	5.63	<0.005

表5.6　研究区覆膜种植农田识别误差矩阵Z检验值对比

特征	Z检验值		p
	冀州市	原州区	
RF最高识别精度 vs RF最低识别精度	32.13	19.32	<0.005
SVM最高识别精度 vs SVM最低识别精度	29.83	17.56	<0.005
RF最高识别精度 vs SVM最高识别精度	3.07	2.99	<0.005
RF最低识别精度 vs SVM最低识别精度	28.99	16.83	<0.005

从表5.6可以看出，对冀州市覆膜种植农田RF识别最高识别精度和最低识别精度进行显著性检验发现Z检验值为32.13；对比SVM算法产生的最高识别精度和最低识别精度进行的显著性检验Z检验值为29.83。这意味着当采用RF和SVM时，这两个特征集（结合后向散射特征和极化分解特征与单独的后向散射强度）的性能在99%的置信水平下存在显著差异（大于2.58）。对于不同的分类器来讲，RF和SVM最高识别精度的Z检验值为3.07（大于2.58），RF和SVM最低识别精度的Z检验值为28.99（大于2.58）。因此，RF的性能在99%的置信水平上明显优于SVM。

从冀州市（表5.7）和原州区（表5.8）覆膜种植农田RF识别混淆矩阵可以看出，识别精度低的主要原因是在Radarsat-2数据上覆膜种植农田与其他地物之间的混淆比较严重。覆膜种植农田和裸土之间混淆尤其严重，说明覆膜种植农田与裸土的后向散射特征

表5.7　冀州市覆膜种植农田RF识别混淆矩阵

分类方案	OA：59.75　PA：68.29　UA：52.71　CI：58.83～60.67					
	地物类型	水体	植被覆盖区	覆膜种植农田	裸土	不透水层
四个极化方式	水体	54.47	1.66	5.99	7.03	0.25
	植被覆盖区	10.02	63.44	14.46	19.01	18.17
	覆膜种植农田	25.97	14.51	68.29	56.11	5.78
	裸土	4.28	2.46	8.16	7.73	1.96
	不透水层	5.25	17.93	3.09	10.12	73.84

（续）

分类方案	OA：74.82 PA：85.31 UA：66.73 CI：74.00～75.64				
	地物类型	水体	植被覆盖区	覆膜种植农田	裸土	不透水层
优化特征	水体	61.96	0.93	2.44	5.41	0.65
	植被覆盖区	11.09	83.35	5.68	17.62	8.65
	覆膜种植农田	18.00	2.78	85.31	64.14	0.55
	裸土	2.82	2.11	6.18	10.82	0.8
	不透水层	6.13	10.83	0.38	2.01	89.35

表 5.8　原州区覆膜种植农田 RF 识别混淆矩阵

分类方案	OA：56.83 PA：65.43 UA：49.69 CI：55.28～57.38						
	地物类型	水体	植被覆盖区	覆膜种植农田	山地	大棚	不透水层	裸土
四个极化方式	水体	90.80	2.24	0.84	1.10	13.27	3.71	1.29
	植被覆盖区	0.00	30.71	9.85	10.33	3.66	6.56	7.03
	覆膜种植农田	0.00	17.34	65.43	8.09	1.22	0.99	75.13
	山地	0.00	29.58	8.42	67.54	29.44	20.65	8.95
	大棚	0.00	0.26	0.57	0.43	5.42	2.34	0.05
	不透水层	9.20	13.80	3.31	10.61	46.45	65.50	0.93
	裸土	0.00	6.07	11.57	1.90	0.53	0.25	6.62

分类方案	OA：64.21 PA：74.49 UA：51.93 CI：63.67～64.75						
	地物类型	水体	植被覆盖区	覆膜种植农田	山地	大棚	不透水层	裸土
优化特征	水体	38.55	0.09	0.00	0.15	2.67	1.87	0.00
	植被覆盖区	52.15	47.56	6.75	6.18	2.29	5.61	4.29
	覆膜种植农田	0.00	18.56	74.49	7.95	0.76	0.43	82.68
	山地	0.00	21.82	7.05	76.47	14.11	13.55	7.34
	大棚	0.00	0.17	0.00	0.06	6.41	2.14	0.21
	不透水层	9.20	10.31	3.00	7.95	73.76	76.38	0.52
	裸土	0.10	1.48	8.71	1.24	0.00	0.01	4.96

很接近。而极化分解特征的引入有效减轻了有些地物之间的混淆度，如冀州市覆膜种植农田与水体之间的混淆度从 25.97% 下降到 18.00%，与不透水层之间的混淆度从 18.17% 下降到 0.55%，与裸土之间的混淆度减轻较小。而与基于光学遥感数据的识别不同，覆膜种植农田与不透水层之间的混淆度减少了很多。因此，在覆膜种植农田遥感识别中光学遥感数据和雷达数据各有其优势。

图 5.7、图 5.8 分别是冀州市和原州区基于 Radarsat‑2 数据获取的覆膜种植农田空间分布图。空间分布格局总体趋势上符合实际分布情况，但是错分现象比较严重。与基于

SVM 的分类结果相比，基于 RF 分类的结果中错分现象较轻。

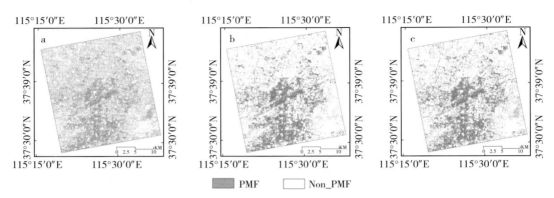

图 5.7　基于 Radarsat‑2 数据的冀州市覆膜种植农田空间分布

注：a 为基于四个极化方式波段的 RF 识别结果，b 为基于全部特征 RF 的识别结果，c 为基于全部特征的 SVM 的识别结果。图 5.8 同。

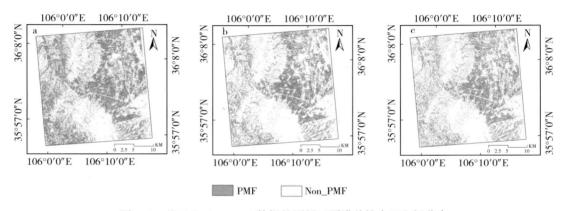

图 5.8　基于 Radarsat‑2 数据的原州区覆膜种植农田空间分布

第四节　分析与讨论

　　本章的研究结果表明基于 Radarsat‑2 数据的覆膜种植农田识别精度较低，其最高识别精度约为 75%，这比基于光学遥感数据的精度低很多，原因可归于数据类型、数据处理过程及地物本身特征等多种因素。

　　从数据类型来讲，Radarsat‑2 数据为 C 波段雷达系统，相对于短波雷达系统（L、S 波段），C 波段具有一定穿透能力，能够穿透冠层而监测植被下面的土壤表面，一般为二次散射。因此，植被与裸土、植被与覆膜种植农田、植被与不透水层之间存在混淆现象。从数据处理来讲，本研究利用的特征包括四种极化方式的后向散射系数和几种极化分解特征。在 Radarsat‑2 预处理过程和特征提取过程中所用的参数可能对分类结果有一定影响，如滤波处理时的窗口选择、极化分解特征提取参数等，这些因素的影响在将来的工作中再进一步探讨。从地物类型来讲，本研究的分类体系中包含着表面散射特征的地物、二次散射特征的地物及体散射特征的地物。引入极化分解特征后分类精度有所提高，然而，覆膜种植农田主要体现在表面散射，与水体和裸土的雷达特征很相似。因此，覆膜种植农田与水体和裸土的混淆比较严重。

从表5.9可以看出，不同研究区、不同方法优选出的特征中极化分解特征都排在前列。因此，识别精度的提高能说明极化分解特征对这两个研究区覆膜种植农田遥感识别提供了有价值的信息。从主要散射机制分析，表面散射的 H/A/Alpha 极化分解是最主要的后向散射机制。极化分解特征的贡献在于缓解了覆膜种植农田与水体（7.97%）、覆膜种植农田与植被覆盖区（11.73%）、覆膜种植农田与不透水层（5.23%）之间的混淆。这可能归因于极化分解特征能够提供更好的表征不透水表面（建筑面积）的有价值信息。虽然对 Radarsat-2 图像进行了斑点滤波处理，但 SAR 数据的斑点噪声仍然显著影响分类精度。除了不同极化类型和相干矩阵的后向散射强度中的斑点噪声外，还是有很多噪声传递到极化分解特征中。

表 5.9　基于 RF 和 SVM 优选特征重要性排序

序号	冀州市		原州区	
	RF	SVM	RF	SVM
1	Alpha	VH	Alpha	HV
2	F_Vol	F_Vol	VH	VH
3	Entropy	HH	HH	Alpha
4	Y_Vol	Anisotropy	VV	Entropy
5	VH	VV	HV	C_H1mA
6	HH	Alpha	Entropy	F_Vol
7	Y_Odd	C_HA	C_H1mA	Anisotropy
8	C_H1mA	HV	C_1mH1mA	HH
9	F_Odd	Entropy	C_1mHA	VV
10	C_1mH1mA	C_H1mA	C_HA	C_1mHA
11	C_1mHA	Y_Hlx	Anisotropy	C_1mH1mA
12	VV	K_Ks	T22	C_HA
13	Anisotropy	C_1mH1mA	T33	Y_Vol
14	C_HA	F_Dbl	F_Vol	T22
15	Y_Hlx	Y_Vol	T11	T33
16	Y_Dbl	T11	K_Ks	F_Odd
17	HH	F_Odd	K_Kd	T11
18	T33	Y_Dbl	Y_Odd	Y_Odd
19	T22	Y_Odd	Y_Vol	Y_Dbl

（续）

序号	冀州市		原州区	
	RF	SVM	RF	SVM
20	K_Kd	T22	F_Odd	Y_Hlx
21	F_Dbl	T33	K_Kh	Y_Odd
22	K_Kh	K_Kd	Y_Dbl	F_Dbl
23	T11	C_1mHA	Y_Hlx	K_Kh
24	K_Ks	K_Kh	F_Dbl	K_Ks

这两个研究区之间覆膜种植农田识别精度的差异（表 5.10）可归因于土地覆盖类型及其分布格局。冀州市的土地覆盖类型更简单、覆膜种植农田分布较均匀，而原州区的土地覆盖类型比较复杂、覆膜种植农田分布不均匀，如图 5.9 所示。本研究中使用的数据是在 4 月获得的，数据采集时间和地膜覆盖时间之间可能存在一些差异，因此原州区的覆膜种植农田识别精度普遍低于冀州市。

表 5.10　特征选择方法和分类方法相同时的覆膜种植农田识别 OA 对比（％）

特征数量	冀州市		原州区	
	RF－RF	SVM－SVM	RF－RF	SVM－SVM
24	74.82	73.14	64.21	63.57
15	73.81	74.02	63.49	63.04
10	73.36	72.52	63.26	62.53

注：RF－RF 表示基于 RF 选择特征的 RF 分类精度，SVM－SVM 表示基于 SVM 选择特征的 SVM 分类精度。

图 5.9　冀州市和原州区覆膜种植农田照片和对应的 GF－1 影像

注：a 为原州区覆膜种植农田现场照片，b 为冀州市覆膜种植农田现场照片，c 为原州区覆膜种植农田的 GF－1 影像，d 为冀州市覆膜种植农田的 GF－1 影像，两张 GF－1 影像以假彩色合成显示（R 为近红外、G 为红色、B 为绿色）。

现有的公开发表的研究只利用了光学遥感数据，SAR 遥感数据尚未用于覆膜种植农田识别中。毫无疑问，光学遥感数据得到的分类精度明显高于 SAR 遥感数据。然而，SAR 遥感数据在土地覆盖类型识别方面具有其独特的优势。众所周知，SAR 可以提供全天候、全天时的数据，可以填补因多云天气或夜间而丢失的数据。因此，SAR 遥感数据可以作为光学遥感数据的有力补充或替代数据。此外，SAR 数据可以提供更多结构细节信息，这是光学遥感数据难以提供的。SAR 数据分类精度相对较低的原因可以归结为斑点噪声及与其他土地覆盖类型的混淆，这个问题也可以通过使用光学遥感数据来解决。

第五节　本章小结

基于 Radarsat - 2 雷达数据的覆膜种植农田识别精度较低，引入极化分解特征后识别精度有所提高，但仍然达不到 80%。在极化分解特征中，H/A/Alpha 分解的极化分解特征的贡献相对较大如 Alpha、Entropy 等，其他极化分解特征的贡献较小。

本章分析了 Radarsat - 2 数据在覆膜种植农田遥感识别中的潜力。提取不同的后向散射强度和多种极化分解特征。以这些特征作为 RF 和 SVM 分类器的输入特征，进行覆膜种植农田遥感识别研究。结果表明，Radarsat - 2 数据在覆膜种植农田遥感识别方面具有很大的潜力，其总体识别精度约为 75%。由于 SAR 数据固有的斑点噪声，单独使用后向散射强度信息的分类精度相对较低，但极化分解特征的引入使分类精度得到了显著提高，OA 接近 75%。此外，H/A/Alpha 分解特征如 Alpha、Entropy 等，对覆膜种植农田遥感识别的贡献大于 Freeman 分解、Krogager 分解和 Yamaguchi4 分解特征。对于不同分类器的性能来讲，在本研究中 RF 分类器的性能优于 SVM 分类器。然而，通过将 SAR 遥感数据与光学遥感数据相结合，有望提高覆膜种植农田遥感识别精度。

第六章 基于多源卫星数据相结合的覆膜种植农田遥感识别

光学遥感数据由于其能够提供丰富的光谱信息而被成功应用到大部分土地利用/土地覆盖类型的分类当中，但不良天气条件（云雨、雾霾天气）仍然是获取时空连续光学遥感数据的很大障碍因素。此外，光学遥感数据也难以对具有相似光谱特征的土地利用/土地覆盖类型（异物同谱）进行有效分类。在遥感领域，引入其他辅助信息是提高光谱特性相似地物信息可分离性和识别精度的一种有效手段之一。与光学遥感相比，SAR 遥感几乎不受大气干扰，可以穿透云层（Turkar et al.，2012）。因此，SAR 数据因其昼夜数据的可获取性，在特殊物体探测和土地利用/土地覆盖类型分类中发挥着重要作用（De Santiago et al.，2013；Yang et al.，2015a，2015b；Li et al.，2012）。很多研究已证明了引入 SAR 数据有助于区分具有相似光谱响应的土地利用/土地覆盖类型的分类，并且多源遥感数据的组合能够产生比单独使用某一种传感器数据更高的识别精度（Cervone，Haack，2012）。因此，整合多源遥感数据已成为目前土地利用/土地覆盖类型分类或地物信息提取的重要研究方向。此外，覆膜种植农田会改变地表粗糙度和土壤湿度。而且 SAR 数据能够提供结构信息和介电特性，因此我们假设 SAR 数据在覆膜种植农田识别具有一定潜力。前面章节的研究表明光学遥感数据和雷达遥感数据在覆膜种植农田识别中各有其优势。因此，本章的主要目标是确定光学遥感数据和 SAR 遥感数据的耦合是否能够提高覆膜种植农田识别精度。具体目标：一是通过结合光学遥感数据和 SAR 遥感数据，提高覆膜种植农田识别精度；二是明确最优数据组合方式；三是建立覆膜种植农田遥感识别最优的多源特征组合。因此，在本章中将分别探讨 GF‐1 卫星 8m 光谱反射率数据、Landsat‐8 卫星光谱反射率数据与 Radarsat‐2 卫星数据之间的结合对覆膜种植农田遥感识别的贡献。

第一节 研究区及数据

本章的研究区是冀州市和原州区两个研究区，采用同一个时期的光学遥感数据（Landsat‐8、GF‐1）和雷达遥感数据（Radarsat‐2）开展基于多源数据相结合的覆膜种植农田遥感识别研究。试验区为一景 Radarsat-2 数据的范围。遥感影像数据包括冀州市 2015 年 5 月 5 日 8m GF-1 数据、2015 年 4 月 16 日 Landsat-8 数据和 2015 年 4 月 25 日 Radarsat-2 数据，以及原州区 2015 年 4 月 8 日 8m GF-1 数据、2015 年 4 月 26 日 Landsat-8 数据和 2015 年 4 月 27 日 Radarsat-2 数据。根据 Radarsat-2 数据的范围对光学遥感影像进行裁剪处理，得到空间范围相匹配的光学遥感数据和雷达遥感数据。所用样本数据采集方法与前面几章一致，以 Radarsat-2 数据范围为界限进行裁剪处理。

　　本章内容包括基于 GF-1 和 Radarsat-2 两种数据相结合的覆膜种植农田遥感识别、基于 Landsat-8 和 Radarsat-2 两种数据相结合的覆膜种植农田遥感识别，以及基于 GF-1、Landsat-8 和 Radarsat-2 三种数据相结合的覆膜种植农田遥感识别。不同遥感影像上的覆膜种植农田特征如图 6.1 所示。

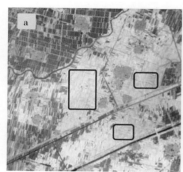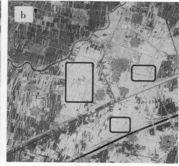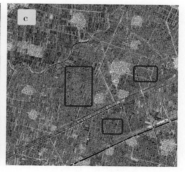

图 6.1　不同遥感影像上的覆膜种植农田

注：a 为 Landsat-8 影像上的覆膜种植农田，b 为 GF-1 影像上的覆膜种植农田，c 为 Radarsat-2 影像上的覆膜种植农田。蓝色矩形为覆膜种植农田。

第二节　研究方法

　　优化使用多源遥感数据特征有利于提高土地利用/土地覆盖分类制图性能。本章的主要工作思想是通过综合光学遥感数据（GF-1、Landsat-8）的光谱信息与 Radarsat-2 数据的后向散射信息和极化分解信息来优化覆膜种植农田遥感识别特征集，并提高识别精度。本章主要内容包括：①基于 GF-1 卫星和 Radarsat-2 卫星数据的多种特征相结合的覆膜种植农田遥感识别；②基于 Landsat-8 卫星和 Radarsat-2 卫星数据的多种特征相结合的覆膜种植农田遥感识别；③基于 GF-1 卫星、Landsat-8 卫星和 Radarsat-2 卫星数据多种特征相结合的覆膜种植农田遥感识别研究。本章技术路线如图 6.2 所示。

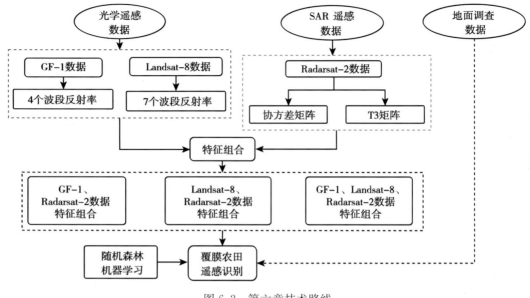

图 6.2　第六章技术路线

一、数据处理与特征提取

本章光学遥感数据和雷达遥感数据的预处理过程与前几章一致。每一个内容采用的特征包括光学遥感数据光谱反射率特征、雷达数据后向散射特征和雷达数据极化分解特征。光谱反射率特征为 GF-1 卫星 4 个波段反射率和 Landsat-8 卫星 7 个波段的反射率数据。雷达数据特征是第五章中利用的后向散射特征和极化分解特征（表 5.2），特征提取方法与第五章相同。

二、机器学习算法

本章中主要利用 RF 特征重要性评价和分类算法，开展基于多源遥感数据多种特征的覆膜种植农田遥感识别的特征重要性评价与识别能力评价。

第三节　基于 GF-1 和 Radarsat-2 卫星数据相结合的覆膜种植农田遥感识别

前面的研究表明，基于 GF-1 卫星光谱反射率特征的识别精度（PA 和 UA）在 8m 时达到最高。因此，在本章主要结合 GF-1 卫星 8m 光谱特征数据和 Radarsat-2 数据，开展覆膜种植农田遥感识别研究，探讨高分辨率光学遥感数据和高分辨率雷达遥感数据在覆膜种植农田识别中是否体现其各自优势。由于两种数据空间分辨率相同，且对 Radarsat-2 数据进行几何校正后两种数据之间的空间配准度很好，因此在两种数据进行结合时未进行其他处理。

一、覆膜种植农田识别 GF‑1 和 Radarsat‑2 卫星数据结合特征重要性评价

采用 8mGF‑1 卫星数据的 4 个波段光谱反射率特征和 Radarsat‑2 卫星数据的后向散射系数（VH、HH、VV、HV）、T_3 系数矩阵元素（T_{11}、T_{22}、T_{33}）、极化分解（H/A/Alpha 分解、Krogager 分解、Freeman 分解、Yamaguchi4 分解）特征等 24 个雷达数据特征，建立包含 28 个特征的特征集，进行覆膜种植农田识别研究。采用 RF 算法对 GF‑1 卫星和 Radarsat‑2 卫星数据多种特征组合进行重要性评价。从特征重要性评价结果（图 6.3）可以看出，冀州市覆膜种植农田识别中，高分辨率光学遥感数据（GF‑1）特征贡献明显大于雷达数据（Radarsat‑2）的贡献。

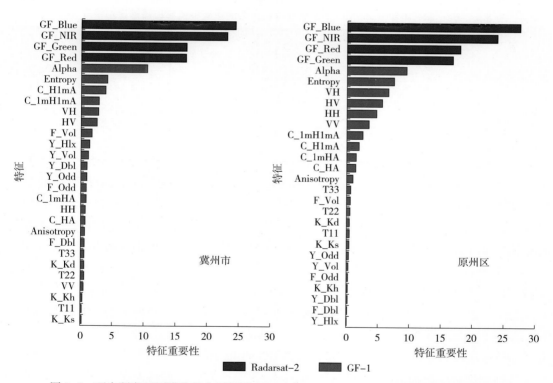

图 6.3 两个研究区覆膜种植农田识别 GF‑1 和 Radarsat‑2 卫星数据结合特征重要性

冀州市 GF‑1 卫星数据 4 个波段反射率特征排在前四位，波段顺序依次为蓝光波段、近红外波段、绿光波段和红光波段。而在雷达数据极化分解特征中，H/A/Alpha 分解特征比其他极化分解特征更重要。冀州市的覆膜种植农田遥感识别前十个重要特征包括 4 个 GF‑1 卫星数据光谱特征，Alpha、Entropy、C_H1mA、C_1mH1mA4 个 H/A/Alpha 分解特征，以及 VH 和 HV 交叉极化方式后向散射特征。其他极化分解特征和同极化特征、T_3 矩阵要素的重要性较小。

在原州区覆膜种植农田识别中，光学遥感数据的贡献也明显大于雷达数据的贡献。雷

达数据极化分解特征中，H/A/Alpha 分解特征比其他极化特征重要。前十个重要特征依次为 GF－1 蓝光波段、近红外波段、红光波段、绿光波段，以及 Alpha、Entropy、VH、HV、HH 和 VV。

二、基于 GF－1 和 Radarsat－2 卫星数据相结合的覆膜种植农田遥感识别

基于冀州市和原州区 GF－1 光学遥感数据及 Radarsat－2 雷达遥感数据特征，利用 RF 机器学习算法，开展覆膜种植农田遥感识别研究。表 6.1 显示基于 GF－1 和 Radarsat－2 卫星数据相结合特征的识别精度较基于单独 GF－1 数据和基于单独 Radarsat－2 数据的识别精度高，两个研究区都呈现出相同的规律。

表 6.1　基于 GF－1 和 Radarsat－2 卫星数据相结合的覆膜种植农田遥感识别精度（%）

特征名称	冀州市			原州区		
	OA	PA	UA	OA	PA	UA
Radarsat－2	74.82	85.31	66.73	64.21	74.49	51.93
Radarsat－2 和 GF－1	95.39	95.61	92.60	85.83	92.84	83.51
GF－1 光谱	91.01	88.30	88.59	82.79	87.10	82.86
GF－1 光谱＋纹理	94.33	88.82	93.17	89.51	88.74	90.92

在冀州市基于 GF－1 光学遥感数据和 Radarsat－2 雷达遥感数据相结合特征的 OA、PA、UA 分别达 95.39%、95.61%和 92.60%。该识别精度较基于 GF－1 光谱特征、基于 GF－1 光谱和纹理特征相结合的识别精度、基于单独 Radarsat－2 数据的识别精度都要高。基于两种数据结合特征的 OA 比单独利用雷达数据的识别精度相比，OA 提高了 20.57 个百分点，PA 提高了 10.30 个百分点，UA 提高了 25.87 个百分点。与基于单独 GF－1 数据的识别精度相比，OA 提高了 4.38 个百分点，PA 提高了 7.31 个百分点，UA 提高了 4.01 个百分点。当两种数据特征结合时，覆膜种植农田遥感识别 PA、UA 都超过 90%，分别为 95.61%和 92.60%（其他方案的精度达不到 90%）。此外，GF－1 光学遥感数据和 Radarsat－2 雷达遥感数据相结合的识别精度优于 GF－1 数据的光谱特征和纹理特征相结合的识别精度。因此，Radarsat－2 雷达遥感数据特征在覆膜种植农田识别中的贡献大于 GF－1 纹理特征的贡献。

在原州区基于 GF－1 光学遥感数据和 Radarsat－2 雷达遥感数据相结合特征的 OA、PA、UA 分别达 85.83%、92.84%和 83.51%。该识别精度较基于单独 GF－1 光谱特征和基于单独 Radarsat－2 雷达遥感数据的识别精度高，而低于基于 GF－1 光谱和纹理特征相结合的识别精度。基于两种数据结合特征的 OA 与基于单独 Radarsat－2 数据的识别精度相比，OA 提高了 21.62 个百分点，PA 提高了 18.35 个百分点，UA 提高了 31.58 个百分点；与基于单独 GF－1 数据的识别精度相比，OA 提高了 3.04 个百分点，PA 提高了 5.74 个百分点，UA 提高了 0.65 个百分点。但是，GF－1 光学遥感数据和 Radarsat－2 雷达遥感数据相结

合的识别精度要低于 GF-1 光谱特征和纹理特征相结合的识别精度（除 PA 外）。

通过对比分析发现，两种数据相结合的效果在两个研究区之间存在一定差异，在原州区基于 Radarsat-2 数据的识别精度提高幅度大于冀州市，而冀州市基于 GF-1 数据的识别精度提高幅度大于原州区。

第四节　基于 Landsat-8 和 Radarsat-2 卫星数据相结合的覆膜种植农田遥感识别

利用高空间分辨率数据进行大尺度覆膜种植农田识别存在数据量大、计算速度慢等问题。因此，对大区域覆膜种植农田进行遥感识别时，在能够达到精度要求的前提下，利用中分辨率数据将会提高计算效率。在本部分主要探讨了结合 Landsat-8 卫星全色波段和多光谱数据融合的 16m 光谱反射率数据、Radarsat-2 数据后向散射特征和极化分解特征进行覆膜种植农田遥感识别，并对比分析其识别精度。由于 Landsat-8 影像和 Radarsat-2 影像空间分辨率之间存在较大差别，因此首先对 Landsat-8 卫星 30m 多波段数据与 16m 全色数据之间进行融合得到 16m 多光谱波段融合数据。尽管如此，两种数据的空间分辨率之间还存在一倍的差异，因此利用最近邻重采样方法对 Landsat-8 数据进行重采样，得到 8m 空间分辨率的 Landsat-8 数据。

一、覆膜种植农田识别 Landsat-8 和 Radarsat-2 卫星数据结合特征重要性评价

采用 8m 的 Landsat-8 卫星 7 个波段反射率数据和 Radarsat-2 数据后向散射系数（VH、HH、VV、HV）、相干系数矩阵元素（T_{11}、T_{22}、T_{33}）、极化分解（H/A/Alpha 分解、Freeman 分解、Yamaguchi4 分解、Krogager 分解）特征等 24 个雷达数据特征，对 31 个特征进行分析。采用 RF 特征重要性评价算法对光学遥感数据 Landsat-8 和雷达遥感数据 Radarsat-2 相结合特征进行重要性评价。图 6.4 同样显示两种数据相结合时光学遥感数据明显占主导地位，雷达遥感数据极化分解特征中 H/A/Alpha 分解特征及交叉极化方式的后向散射特征也比较重要。

在冀州市，Landsat-8 和 Radarsat-2 相结合特征中前 10 个重要特征依次为红光波段、短波红外波段 2、近红外波段、绿光波段、短波红外波段 1、Alpha、蓝光波段、海岸带波段、Entropy 和 Freeman 分解的体散射等。而在原州区，近红外波段、海岸带波段、绿光波段、红光波段、短波红外波段 2、蓝光波段、短波红外波段 1、Alpha、VH 和 HV 被列为前十个重要特征。

二、基于 Landsat-8 和 Radarsat-2 卫星数据相结合的覆膜种植农田遥感识别

基于 Landsat-8 光学遥感数据和 Radarsat-2 雷达遥感数据特征，采用 RF 机器学习

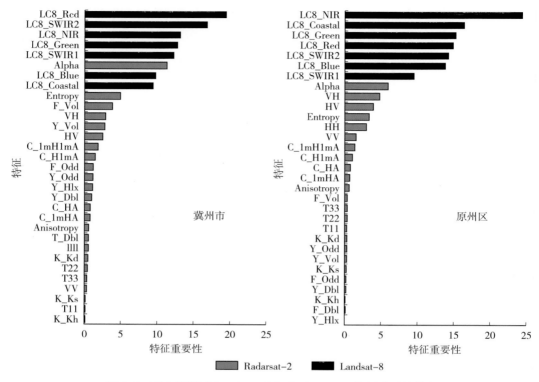

图 6.4　两个研究区 Landsat-8 和 Radarsat-2 特征重要性排序

算法，开展覆膜种植农田遥感识别研究。两个研究区基于 Landsat-8 光学遥感数据和 Radarsat-2 雷达遥感数据的识别精度如表 6.2 所示。

从表 6.2 可以看出，对冀州市来讲，基于 Landsat-8 和 Radarsat-2 数据相结合特征的识别精度较基于单独 Landsat-8 数据和单独 Radarsat-2 数据的识别精度要高。基于 Landsat-8 和 Radarsat-2 数据相结合特征的 OA、PA、UA 分别为 91.85%、87.22% 和 93.42%。两种数据相结合的识别精度与基于单独 Radarsat-2 数据的识别精度相比，OA 提高了 17.03 个百分点，PA 提高了 1.91 个百分点，UA 提高了 26.96 个百分点；与基于单独 Landsat-8 数据的识别精度相比，OA 提高了 0.64 个百分点，PA 提高了 2.26 个百分点，UA 提高了 1.95 个百分点。

表 6.2　基于 Landsat-8 和 Radarsat-2 数据相结合的覆膜种植农田遥感识别精度（%）

特征名称	冀州市			原州区		
	OA	PA	UA	OA	PA	UA
Radarsat-2	74.82	85.31	66.73	64.21	74.49	51.93
Landsat-8 光谱	91.21	84.96	91.47	81.88	67.86	76.80
Landsat-8 和 Radarsat-2	91.85	87.22	93.42	87.17	82.98	80.25
单时相 Landsat-8 多特征	94.02	91.67	93.18	88.13	73.60	79.53

对原州区来讲，基于 Landsat-8 和 Radarsat-2 数据相结合特征的识别精度较基于单独 Landsat-8 数据和单独 Radarsat-2 数据的识别精度都高一些。基于 Landsat-8 和 Radarsat-2 数据相结合特征的 OA、PA、UA 分别达 87.17%、82.98%和 80.25%。两种数据相结合的识别精度与基于单独 Radarsat-2 数据的识别精度相比，OA 提高了 22.96 个百分点，PA 提高了 8.49 个百分点，UA 提高了 28.32 个百分点。与基于单独 Landsat-8 数据的识别精度相比，OA 提高了 5.29 个百分点，PA 提高了 15.12 个百分点，UA 提高了 3.45 个百分点。通过对比发现两种数据相结合的效果在两个研究区之间存在一定差异，在原州区的识别精度提高幅度大于冀州市的识别精度提高幅度。另外，在冀州市这两种数据相结合的最高识别精度也都低于基于单时相 Landsat-8 多特征最高识别精度。在原州区并不存在相同的规律，基于两种数据的覆膜种植农田识别 PA 和 UA 高于基于单时相 Landsat-8 多特征最高识别精度。

第五节　基于 GF-1、Landsat-8 和 Radarsat-2 卫星数据相结合的覆膜种植农田遥感识别

地物识别效率与地物本身的电子特征、尺度大小及数据规格直接相关。多种数据的结合利用对提高识别精度具有一定的帮助。本部分主要结合利用三种数据进行覆膜种植农田识别研究，利用重采样生成的 8m 空间分辨率 Landsat-8、GF-1 和 Radarsat-2 数据，开展基于多源数据相结合的覆膜种植农田遥感识别研究。

一、覆膜种植农田识别 GF-1、Landsat-8 和 Radarsat-2 卫星数据综合特征重要性评价

基于 GF-1 卫星 4 个波段光谱数据、Landsat-8 卫星 7 个波段光谱数据和 Radarsat-2 后向散射数据、极化分解特征，开展冀州市和原州区覆膜种植农田识别。首先利用 RF 特征重要性评价算法对这些组合特征的重要性进行评价。从图 6.5 可以看出显示三种数据相结合时光学遥感数据（GF-1 和 Landsat-8）明显占主导地位，雷达遥感数据极化分解特征中 H/A/Alpha 分解特征及交叉极化方式的后向散射特征也具有较大贡献。

对于冀州市来讲，三种数据结合中 GF-1 数据最重要，其次为 Landsat-8 数据；在雷达遥感数据特征中也是 H/A/Alpha 分解特征比较重要，如 Alpha、Entropy 等的排序比较靠前，而雷达遥感数据其他极化分解特征重要性较小。由此也可以看出，光学遥感数据的空间分辨率对覆膜种植农田遥感识别具有较大的影响。高空间分辨率 GF-1 数据在多源数据结合中占主导地位，其次是 Landsat-8 数据。而对于原州区来讲，三种数据相结合时光学遥感数据比雷达遥感数据更重要，雷达遥感数据的 Alpha、Entropy、VH、HH 比其他特征重要。

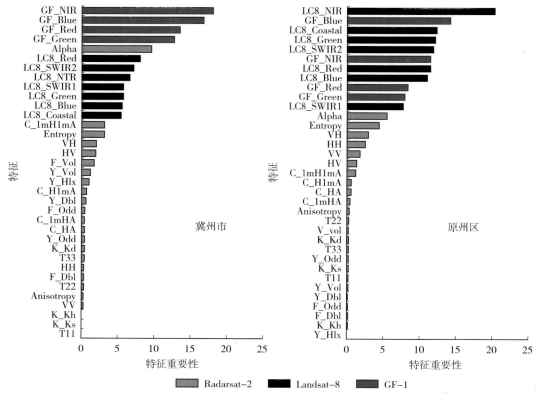

图 6.5　两个研究区 GF-1、Landsat-8 和 Radarsat-2 特征重要性评价

二、基于 GF-1、Landsat-8 和 Radarsat-2 卫星数据相结合的覆膜种植农田遥感识别

基于 GF-1、Landsat-8 和 Radarsat-2 三种卫星数据，采用 RF 机器学习算法对两个研究区覆膜种植农田进行识别研究。表 6.3 显示基于不同特征组的冀州市和原州区覆膜种植农田识别精度。

表 6.3　基于 GF-1、Landsat-8 和 Radarsat-2 数据相结合的覆膜种植农田遥感识别精度（%）

特征名称	冀州市			原州区		
	OA	PA	UA	OA	PA	UA
GF-1 和 Radarsat-2	95.39	95.61	92.60	85.83	92.84	83.51
Landsat-8 和 Radarsat-2	90.85	87.22	93.42	87.17	82.98	80.25
GF-1、Landsat-8 和 Radarsat-2	95.78	95.66	95.99	90.27	95.03	91.36
Radarsat-2	74.82	85.31	66.73	64.21	74.49	51.93
GF-1	91.01	88.30	88.59	82.79	87.10	82.86
Landsat-8	91.21	84.96	91.47	81.88	67.86	76.80

　　在冀州市，基于 GF-1、Landsat-8 和 Radarsat-2 三种卫星数据相结合特征的覆膜种植农田 OA、PA、UA 分别为 95.78%、95.66% 和 95.99%（图 6.6），该识别精度高于基于其他特征的识别精度。基于 GF-1、Landsat-8 和 Radarsat-2 三种卫星数据的 OA 相对于基于 GF-1、Radarsat-2 两种数据相结合及基于 Landsat-8、Radarsat-2 两种数据相结合的 OA 分别提高了 0.39 个百分点和 4.93 个百分点，PA 分别提高了 0.05 个百分点和 8.44 个百分点，UA 分别提高了 3.39 个百分点和 2.57 个百分点。因此，当利用单时相数据时，多源数据结合有利于有效提高覆膜种植农田识别精度。

　　在原州区，基于 GF-1、Landsat-8 和 Radarsat-2 三种卫星数据相结合特征的覆膜种植农田 OA、PA、UA 分别为 90.27%、95.03% 和 91.36%（图 6.6），该识别精度高于基于其他特征的识别精度。基于 GF-1、Landsat-8 和 Radarsat-2 三种卫星数据的 OA 比基于 GF-1、Radarsat-2 两种数据相结合和基于 Landsat-8、Radarsat-2 两种数据相结合的 OA 分别提高了 4.44 个百分点和 3.10 个百分点，PA 分别提高了 2.19 个百分点和 12.05 个百分点，UA 分别提高了 7.85 个百分点和 11.11 个百分点。

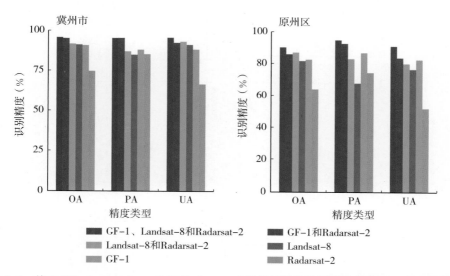

图 6.6　基于 GF-1、Landsat-8 和 Radarsat-2 数据相结合的覆膜种植农田遥感识别精度

第六节　基于多源数据的覆膜种植农田空间分布对比分析

　　冀州市和原州区基于多源遥感数据获取的覆膜种植农田空间分布如图 6.7 所示，从图 6.7 中可以看出基于多源遥感数据相结合获取的覆膜种植农田空间分布更加合理。与基于单独雷达遥感数据的识别结果相比，光学遥感数据和雷达遥感数据相结合的结果中的错分现象得到明显减轻。

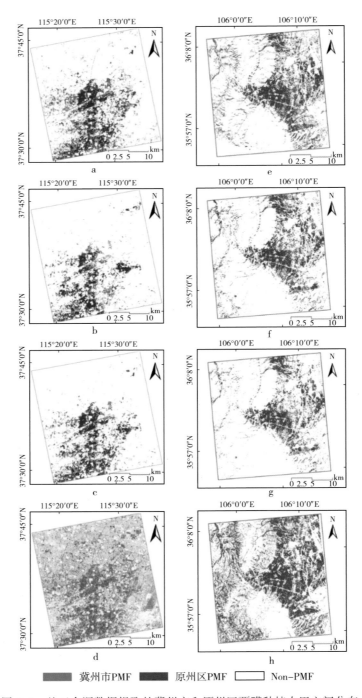

图 6.7　基于多源数据提取的冀州市和原州区覆膜种植农田空间分布

注：a、e 为基于 GF - 1 和 Radarsat - 2 的覆膜种植农田识别结果，b、f 为基于 Landsat - 8 和 Radarsat - 2 的识别结果，c、g 为基于 GF - 1、Landsat - 8 和 Radarsat - 2 的识别结果，d、h 为基于 Radarsat - 2 的识别结果。

第七节　分析与讨论

在基于多源卫星遥感数据的覆膜种植农田识别研究中发现，结合多源卫星遥感数据有助于提高识别精度。这表明，光学遥感数据和雷达遥感数据在覆膜种植农田识别中各有其优点。光学遥感数据主要反映地物的光谱反射特征，而雷达遥感数据主要反映结构特征，因此这两种数据的有效结合有助于提高覆膜种植农田遥感识别精度。而在多源卫星遥感数据结合中光学遥感数据更重要，这主要取决于本书中的地物分类体系和数据获取时间。本研究所利用的遥感数据为 4 月的数据，这时研究区的农作物尚未长高，大部分地物类型的结构特征并不明显（除了建筑物和大棚）。因此，在识别中地物的光谱特征占主导地位，而光学遥感数据的波段设计和空间分辨率也具有一定影响。与 Radarsat - 2 数据相结合时，高空间分辨率光学遥感数据（GF - 1）的表现优于中空间分辨率光学遥感数据（Landsat - 8），这主要与农田地块的大小也有关。

光学遥感数据包含地表反射率和发射率有关的信息，而 SAR 遥感数据主要捕获地表结构和介电常数方面的信息。由于这两类数据中所包含信息的互补性，在光学遥感数据上无法区分的地物类型可以借助 SAR 遥感数据来区分。不同土地覆盖类型的相似光谱反射率阻碍了光学遥感数据，而 SAR 遥感数据受到固有斑点噪声的限制。我国使用的塑料薄膜大多是透明地膜或白色地膜，其表面反射特性与裸土和休耕地非常相似，前面的研究也证明了覆膜种植农田与裸土或不透水表面之间的混淆严重。但覆膜种植农田具有明显的空间结构特征，而且地膜覆盖能提高土壤含水量。因此，在 SAR 图像上覆膜种植农田的结构特征和介电特性不同于裸土和不透水表面。再加上 SAR 的穿透能力，能够检测到覆膜种植农田与非覆膜种植农田之间土壤水分的差异。这将提高覆膜种植农田和裸土在 SAR影像上的可分离性。因此，通过耦合光学遥感数据和 SAR 遥感数据，在一定程度上抑制了 SAR 数据固有的斑点噪声，同时也提高了覆膜种植农田与其他地物类型之间的混淆。覆膜种植农田遥感识别精度的显著提高足以证明 SAR 遥感数据提供的信息与光学遥感数据捕获信息的优势互补。已有研究已经证明了光学和 SAR 遥感数据的这种互补性（Lehmann et al.，2015）。此外，SAR 数据的全天候、全天时的能力也会提高阴雨天气和雾霾严重地区的有效数据的可获取性。因此，SAR 数据在我国南方等多雨多云地区的覆膜种植农田识别中将会发挥很大的应用潜力。

相比于 SAR 遥感数据，在多源卫星遥感数据耦合进行覆膜种植农田遥感识别时光学遥感数据更重要，这与数据获取时间、土地利用/土地覆盖分类方案及不同类型数据固有特征有关。本研究中使用的数据是在 4 月获取，两个研究区的作物（冬小麦除外）都处于生长初期阶段，大部分结构特征（除建筑物和温室外）并不明显，而土地利用/土地覆盖类型的光谱反射率差异显著。4 月刚覆盖完地膜，尚未受到沙尘、雨水、灌溉等因素的影响，覆膜种植农田的表面比其他土地利用/土地覆盖类型更亮。因此，覆膜种植农田的反射率高于其他地物类型，光谱反射特性与其他土地覆盖类型之间差异显著，使得光学遥感数据发挥了更重要的作用。

冀州市土地利用/土地覆盖分类体系包括 5 种类型，而原州区土地利用/土地覆盖分类体系包括 7 种类型。其中，覆膜种植农田、水体和裸土等的反射特性比后向散射特性更显著，而植被覆盖区、不透水层等具有相应的反射特性和后向散射特性。此外，SAR 数据的使用受自身的斑点噪声的影响，这将削弱特定地物类型后向散射特征的有效性和与其他地物类型之间的可分离性。光学遥感数据则不存在这样的问题，因此覆膜种植农田遥感识别中光学遥感数据表现优于 SAR 遥感数据。

对比两种光学遥感数据，主要区别在于其空间分辨率和光谱波段设计。Landsat - 8卫星 OLI 传感器携带 7 个波段（海岸带波段、蓝光波段、绿光波段、红光波段、近红外波段、短波红外 1 波段和短波红外 2 波段），空间分辨率为 30m；而 GF - 1 卫星具有 4 个波段（蓝光波段、绿光波段、红光波段、近红外波段），空间分辨率为 8m。这两种数据最大的区别是空间分辨率，我国农田地块小，且以零散分布为主（覆膜种植农田也不例外）。因此，相对于 GF - 1 数据，Landsat - 8 数据中存在混合像元的可能性更大。覆膜种植农田遥感识别更多有效信息受 Landsat - 8 数据混合像元的限制，基于 Landsat - 8 数据的识别精度低于更高空间分辨率的 GF - 1 数据的识别精度。

已有研究的覆膜种植农田遥感识别精度对比如表 6.4 所示。从表 6.4 可以看出，已有覆膜种植农田遥感识别均采用单一遥感卫星数据，并未进行多源遥感数据的协同。虽然基于单一光学遥感数据的覆膜种植农田识别精度也能达到较高水平，但是协同 SAR 和光学遥感数据进行覆膜种植农田遥感识别比单一遥感数据具有其独特优势。

表 6.4　已有覆膜种植农田遥感识别精度对比（%）

序号	OA	PA	UA	数据源	研究区	参考
1	92.84	99.70	94.58	MODIS	新疆	Lu, Hang, Di, 2015
2	97.82	100.00	95.90	Landsat - 5	新疆	Lu, Di, Ye, 2014
3	94.14	90.67	90.58	Landsat - 8	河北、宁夏	Hasituya et al., 2016
4	97.01	92.48	96.40	Landsat - 8	河北、宁夏	第四章
5	96.05	90.99	94.22	GF - 1	河北、宁夏	第三章
6	74.82	85.31	66.73	Radarsat - 2	河北、宁夏	第五章
7	95.78	95.66	95.99	多源数据	河北、宁夏	本章

总体而言，本章获取的 PA 和 UA 均高于已有研究所达到的精度。但是与其他研究相比，协同 SAR 和光学遥感数据的覆膜种植农田识别 OA、PA、UA 同时达到了 95% 以上，这在其他研究中没有观察到（Lu et al., 2014，2015）。这说明协同多源数据有利于提高识别精度和效率。此外，需要说明的一点就是本章中测试了光学遥感数据的光谱反射特征，并没有考虑纹理特征、指数特征等其他特征，这也能够充分证明协同光学遥感数据与 SAR 遥感数据的有效性和潜力。

第八节　本章小结

　　本研究提出了一种协同多源遥感数据进行覆膜种植农田遥感识别的思路，包括耦合 SAR 遥感数据与高空间分辨率光学遥感数据（GF-1）和中空间分辨率遥感数据（Landsat-8）。结果表明，最重要的特征来源于光学遥感数据，尤其是高空间分辨率光学遥感数据。但也发现 SAR 数据有显著提高识别精度的潜力。可以得出以下结论：多源卫星遥感数据相结合能够有效提高覆膜种植农田遥感识别精度，在覆膜种植农田遥感识别中不同数据都具有显著贡献。但是在不同数据组合之间存在差异，其中协同 GF-1、Landsat-8 和 Radarsat-2 三种卫星数据时覆膜种植农田识别精度最高。协同 GF-1 和 Radarsat-2 数据的覆膜种植农田识别精度高于协同 Landsat-8 和 Radarsat-2 数据。在覆膜种植农田遥感识别中光学遥感数据的贡献大于雷达遥感数据，然而，雷达遥感数据也有助于提高覆膜种植农田识别精度。除此之外，不同研究区之间存在一定差异，冀州市三种数据结合的最高 OA、PA、UA 分别为 95.78%、95.66% 和 95.99%，而原州区三种数据结合的最高 OA、PA、UA 分别为 90.27%、95.03% 和 91.36%。在原州区的精度提高幅度大于冀州市的提高幅度。总之，协同多源遥感数据可以显著提高覆膜种植农田遥感识别精度。

第七章 基于面向对象影像分析的覆膜种植农田遥感识别

　　遥感卫星数据是土地利用/土地覆盖类型分类与地物类型信息提取广泛采用的技术方法。在低分辨率、中低分辨率影像时代，影像分类基本都基于影像像元，其基本理论是基于各地物类型的像元统计值，判断每个像元与相应地物类型统计值之间的距离，并对每个像元进行分类。中低分辨率的遥感数据在应用中通常存在混合像元问题，导致同谱异物现象，从而降低分类精度。高分辨率影像的不断涌现，目标对象在影像中通常需要多个像元组合来表达，分类由中低分辨率的同谱异物现象转变成同物异谱问题，同时分类结果容易存在椒盐噪声的问题。所以，仅依靠基于像元光谱特征分类不能满足精度要求。因此，学者提出了面向对象影像分析（Object Based Image Analysis，OBIA）技术，并得到广泛应用（Blaschke et al.，2014；Gu et al.，2017；Salehi et al.，2012；郝泷等，2017）。面向对象分类方法以影像分割后的对象作为分类的基本单元，影像分割的质量直接影响最终分类结果的准确性。不同地物具有不同尺度，因此带来了多尺度分割方面的问题（Johnson et al.，2013；Yang et al.，2016）。目前遥感影像多尺度分割算法主要包括以下几种：统计区域合并算法、分形网络演化方法（Fractal Net Evolution Approach，FNEA）、分水岭算法、均值漂移算法、小波域 HMT 模型、基于图的分割算法（陈杰等，2011；韩冰等，2013；王慧贤等，2015；Felzenszwalb et al.，2004；Tang et al.，2011；Huang et al.，2014；Pipaud et al.，2017）。通过分析影像对象的光谱、纹理、形状等特征，可提取不同对象对应的地物特征以用于分类（陈杰等，2014；王荣等，2016）。常见的面向对象的方法主要可以分为 3 类：基于机器学习的方法、统计方法和结构方法（Blaschke et al.，2014；Basaeed et al.，2016a，2016b）。

　　前面几章主要在像元尺度上进行覆膜种植农田遥感识别研究。基于像元的遥感识别只考虑像元内部的信息，不能考虑地物形状、相邻像元间的关系、空间位置等信息，容易造成影像分类结果中有很多小斑块，信息提取结果难免存在胡椒效应。而 OBIA 技术的遥感影像分类方法最大特点是进行地物分析时考虑的不再是单个像素，而是有一定特征的对象。在 OBIA 中可以综合考虑不同地物的典型特征，包括光谱特征、空间特征、地物相关布局等特点，甚至还可以添加辅助数据进行信息提取，能够有效抑制影像分类中出现的胡椒效应，尤其在高分辨率遥感影像分类中起着重要作用。随着遥感技术的快速发展，高时空分辨率卫星数据越来越多，挖掘高分辨遥感数据深度信息是当前遥感应用领域的重要发展趋势。对于覆膜种植农田来讲，其光谱信息是土壤和地膜的混合光谱，在高分辨率影像上易出现同物异谱、异物同谱现象。OBIA 技术在降低类内光谱差异上具有独特优势，能够充分利用形状、纹理、几何特征等空间结构信息来扩大类间差异。OBIA 技术的有效性已被众多研究证明（Blaschke et al.，2010，2014；Gu et al.，2017；Myint et al.，2011；Peña-Robson et al.，2015；Tiede et al.，2010；Robson et al.，2015）。OBIA 技术研究主要集中在多尺度分割、分类方法、精度评估等方面。OBIA 技术中非常重要的一点是影像分割方法和最优分割尺度的选择。OBIA 影像分类主要通过选取适宜的对象特征，将具备相同或相似特征的像元归类到同一集合，并依据这些特征建立人机交互方式，对影像进行分类。在分类过程中通过对影像进行一定规则的构建，最终实现地物目标的准确提取。然而，OBIA 技术的影像分割尺度参数优化仍然需要进一步研究。遥感影像分割效果因不同地区、不同地物类型、不同遥感数据而不同。常用的反复试验方法存在主观性和不一致性。此外，虽然 OBIA 能够同时考虑多维对象特征，但特征类型和特征数量的增加不一定能够带来更好的结果，可能会导致信息冗余及计算效率的降低，因此在进行地物信息遥感提取时有必要对所提取的特征进行优化选择。本章主要基于高时空分辨率光学遥感数据和雷达遥感数据，结合 OBIA 和机器学习算法，进行覆膜种植农田空间分布信息提取方法研究。具体包括 OBIA 影像分割参数优化、获取相对最优的多尺度分割参数，使影像分割对象具有更好的表达性；在此基础上，进行多源对象特征提取和优化，构建综合光谱-几何-纹理特征的最优对象特征组合，提高特征组的分离度，降低冗余度，通过机器学习算法获取覆膜种植农田空间分布信息，并进行精度评价。

第一节　研究区及数据

一、研究区概况

本章的研究主要为了探索 OBIA 技术在覆膜种植农田时空信息遥感表征的有效性和普适性，分别在冀州市、河套灌区（第二章）开展了基于高分辨率的光学遥感数据和雷达遥感数据的覆膜种植农田遥感识别研究。冀州市是华北地区典型的覆膜种植区域，覆膜种植作物类型为棉花，试验区范围在 $37°33'00''\sim 37°41'00''$N、$115°20'00''\sim 115°28'00''$E。河套灌区因不同作物对水、肥、气、热条件的需求不同导致作物物候期大不相同，如表 7.1 所示。

此外，河套灌区是严重盐碱化地区，覆膜之后大水漫灌一段时间是常采用的去盐措施，其覆膜种植过程如图 7.1 所示。该地区的覆膜种植农田遥感信息不仅易与裸土、休耕地、盐碱地产生混淆，而且在灌水期也易与水体混淆，这增加了覆膜信息遥感表征的难度。

表 7.1   河套灌区主要作物覆膜类型及物候历

作物类型	4月	5月	6月	7月	8月	9月
小麦	播种 出苗	三叶 拔节	抽穗	孕穗	成熟	
玉米		播种 幼苗	三叶 七叶	拔节	抽穗	孕德 成熟
葵花		播种 幼苗	现蕾	开/盛花	成熟	
番茄		移栽 幼苗	开花	坐果	结果	
葫芦		播种 幼苗	抽蔓	开花	结果	

图 7.1   河套灌区覆膜种植过程

二、数据获取与处理

本章利用的遥感数据包括冀州市的 Pléiades 卫星影像数据、Radarsat-2 卫星影像数据和河套灌区的 Sentinel-2 卫星影像数据。购买河北省冀州市 2015 年 5 月 24 日 Pléiades 卫星影像数据，其范围在 $37°32'4''$~$37°42'0''$N、$115°19'2''$~$115°28'8''$E，对遥感数据的预处理包括辐射定标、大气校正、几何校正等。购买河北省冀州市 2015 年 4 月 25 日的 Radarsat-2 卫星影像数据，空间分辨率为 8m，入射角为 $45°$，其中心点的经纬度为 $37°37'$N、$115°27'$E，左上角的经纬度为 $37°43'$N、$115°18'$E，右上角的经纬度为 $37°29'$N、$115°21'$E，左下角的经纬度为 $37°46'$N、$115°34'$E，右下角的经纬度为 $37°32'$N、$115°37'$E，Radarsat-2 影像的预处理流程与第六章相同。Sentinel-2 卫星数据从官网下载了河套灌区 2019 年覆膜种植期（4 月）的影像，并对其进行辐射定标、大气校正、几何校正等常规预处理。

实地调查数据主要用于覆膜信息遥感表征研究中的特征优化、算法训练及精度验证。在冀州市实地调查样本数据是从表 2.5 中裁剪获取 Pléiades 数据范围内的样本数量，共 349 个样点，不同地物类型样本数量如表 7.2 所示。将样本的 2/3 和 1/3 分别作为训练样本和验证样本。河套灌区不同地物类型样本数量如表 2.6 所示。

表 7.2　冀州市土地利用类型与所采样本数量

土地利用/土地覆盖类型	说明	样本数量
覆膜农田	主要是白色地膜	127
不透水层	建筑物、工厂、道路等	71
植被覆盖	作物、菜地、草地、林地	92
水体	河流、湖泊、灌渠	20
裸土	裸地、休耕地、弃耕地	39
合计		349

第二节　研究方案与主要研究方法

基于高空间分辨率 Pléiades 卫星数据、高时空分辨率 Sentinel – 2 卫星数据和 Radarsat – 2 卫星数据等，采用 OBIA 技术和 RF 机器学习算法开展冀州市和河套灌区覆膜种植农田遥感识别研究。OBIA 是以包含尺度、方向及语义信息在内的对象为基础进行分析。OBIA 能够有效抑制基于像元的影像分类中出现的胡椒效应，尤其在高分辨率遥感影像分类中起着重要作用。OBIA 技术在降低类内光谱差异上具有独特优势，能够充分利用形状、纹理、几何特征等空间结构信息。RF 是基于决策树分类器的串联集成机器学习分类器，构成 RF 的核心部分有两个，分别为决策树和分类器集成。因此，RF 计算效率比普通机器学习算法更高，稳定性好且很少受人为干扰。

本章的详细技术路线如图 7.2 所示，由四部分组成。第一，数据获取与处理（在数据获取与处理中已有介绍）。第二，影像分割与对象生成，这是 OBIA 技术非常重要的环节。第三，对象尺度特征提取和优选。第四，利用 RF 机器学习算法进行覆膜种植农田遥感识别与精度评价。除了数据预处理以外的过程都在 eCognition V9.0 中进行。

一、遥感影像尺度分割算法

现实中的一切事物均具有一定的结构特点和尺度特性，某些事物甚至只有在一定尺度之下才能够观察到，不同的尺度会给予它们不同的呈现形式。遥感影像所呈现的信息也有层次结构性与多尺度性，所以在进行影像分析时需要考虑适宜的尺度问题。最优尺度是基于地物现象及具体问题，通过影像分割来获取。多尺度分割方法是利用事物的层次结构性、多尺度性及区域合并算法来创建最小单元，以一个像元为参考点，与相邻像元属性的差异性进行对比。若差异性小于设定指数则进行像元合并，若超出设定指数则不进行合并。影像分割后的对象不能太破碎且边界也不能模糊，应具备如下特点：一是影像中的所有像元都存在于被分割的子区域中；二是同一区域中各像元之间存在一种或多种属性相似性，不同区域中的各像元之间存在明显的属性差异性。

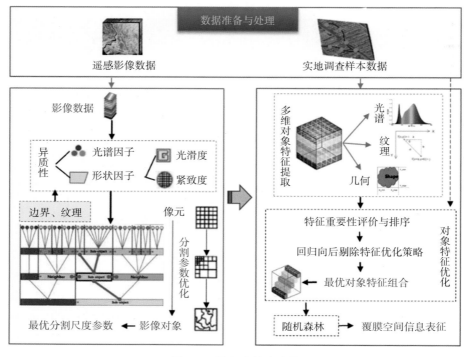

图 7.2　第七章技术路线

　　丰富的空间结构特征是高分辨率影像的优势，但这也导致了影像上地物信息过于细节化，增加了类内光谱差异。所以，基于像元的分类容易出现同物异谱、异物同谱现象，从而降低分类精度。因此，OBIA 技术成为高分辨率遥感影像地物信息提取的重点研究方向。OBIA 技术的最小处理单位是由分割产生的均质对象。其关键一步是影像分割，分割质量的优劣直接影响 OBIA 技术的最终效果（Novelli et al.，2016）。虽然现在尚未出现普遍适用的分割算法，但在实践中也产生了较多适合特定研究需要的分割算法，可满足一定的应用需要。影像分割的核心是基于一定的算法将一幅影像分割为满足特定条件的众多子对象，其中每个子对象具有内部的相似性，使分割对象更加符合自然地物的分布。常用的分割方法有基于像元的分割方法、基于边缘检测的分割方法、基于区域的多尺度分割方法等。其中，基于像元的分割方法包括阈值法和聚类法。阈值法通过设定合适的阈值将影像进行划分，是一种简单的分割方法。聚类法是一种非监督分类方法，是将影像中的像元用其对应在特征空间中的点来表示，再依据某种规则聚类进行分割。基于边缘检测的分割方法根据影像中不同区域边界处呈现的明显灰度变化，进行图像边缘检测，提取边界实现影像分割。但当遥感影像灰度信息变化复杂且具有噪声影响时，检测的边缘过多而难以形成有效轮廓，造成对象信息提取困难。

　　遥感影像尺度分割是 OBIA 技术应用的重要前提。高分辨率影像能够体现自然界各种地物类型不同尺度的统一性与复杂性，使用单一尺度很难获取全部地物类型的最佳尺度与高精度信息。然而，每种地物都有其最合适的尺度，按照最优的分割尺度分割出满足要求的目标地物对象，才能获取准确的空间分布信息。影像分割是按照地物的类型将相邻的同类像元组成一个对象，并根据研究目的和影像分辨率确定遥感影像分割尺度，分割尺度参数的大小决定遥感影像分割效果。

多尺度分割方法（Multi‑Resolution Segmentation，MRS）是在面向对象影像分析技术中应用比较广泛的分割算法，主要分为区域生长方法和基元合并方法。多尺度分割综合考虑了遥感影像光谱、纹理、空间等特征（Duro et al.，2012）。对相邻像素和较小像素进行合并，保证对象内部之间同质性最大，该算法能较好地保持地物的几何特征。多尺度分割可以更好地表达空间地物的信息，具有普遍适用性（Neubert et al.，2008）。多尺度分割效果取决于分割尺度、形状和紧凑度参数的设置（Benz et al.，2011；Witharana et al.，2014）。不合理的分割也会导致"过分割"和"欠分割"现象的产生。当分割尺度参数较小时，图像分割较破碎，导致图斑面积较小，产生"过分割"现象，地物信息提取难度增大；当分割尺度增大时，图像分割存在分割不足、地类信息过度概化，以致部分地类图斑完全归入其他地类，导致"欠分割"现象。"过分割"和"欠分割"均会产生一定的误差。分割参数的选择在不同地区和地物之间存在着较大差异。因此，在进行多尺度分割时需要不断试验，优选出合理的分割尺度。

遥感影像分割尺度的选择与其空间分辨率和地物实际尺度大小紧密相关，本研究采用多尺度分割方法。多尺度分割算法是以一个独立的像元为中心，合并附近相似像元从而产生小的影像对象，然后将小的影像对象组合在一起形成较大的分割区域，在这个过程中使用异质性准则和分割尺度来限制合并以后区域的大小。其中，形状参数表示物体的空间异质性，由紧实度和平滑度决定，两者都是图像物体周长的函数，紧凑度表示一个对象内的像素数，平滑度表示对象边界框的周长（Wu et al.，2016）。形状和颜色（光谱）一起（其加权合为1）描述对象的同质性（Li et al.，2019）。这些参数的取值因地区、数据类型、土地覆盖和感兴趣的对象不同而不同（Chen，2007）。在充分分析遥感数据属性及覆膜种植作物实际分布情况的基础上，分析现有多种合并规则，建立更好的影像分割合并规则，以像元为独立区域，兼顾影像异质性 f 的关键因子：光谱（Color）因子和形状（Shape）因子进行迭代合并，构建同质对象。其中形状因子包括光滑度（Smooth）异质性和紧凑度（Compactness）异质性两个因子。遥感影像异质性 f 由以下公式计算求得：

$$f = w_{color} \cdot \Delta h_{color} + w_{shape} \cdot \Delta h_{shape} \tag{7.1}$$

$$w_{color} + w_{shape} = 1 \tag{7.2}$$

$$\Delta h_{color} = \sigma_c \sum_c w_c \tag{7.3}$$

$$\Delta h_{shape} = w_{compactness} \times \Delta h_{compactness} + w_{smooth} \times \Delta h_{smooth} \tag{7.4}$$

$$w_{compactness} + w_{smooth} = 1 \tag{7.5}$$

式中，w_{color}、w_{shape} 分别为光谱权重值和形状权重值，Δh_{color}、Δh_{shape} 分别为光谱异质性和形状异质性，c 为多光谱波段数量，w_c 为多光谱波段权重，σ_c 为由 c 个波段灰度值构成的对象标准差，$w_{compactness}$ 和 w_{smooth} 分别为紧凑度值和平滑度值的权重。为了获取最佳分割尺度参数，一般采用不断试验不同尺度参数的分割效果，评估不同参数对分割效果的影响（Santiago et al.，2013；Benz et al.，2011；Tian，Chen，2007）。根据已有研究的试验结果，本研究中将颜色和形状参数设为 0.4 和 0.5（Drăguţ et al.，2014）。

二、对象特征提取及优化方法

虽然 OBIA 能够同时考虑多维对象特征，然而特征类型和特征数量的增加不一定使结果更优，可能会导致信息冗余及计算效率的降低，因此在进行地物信息遥感提取时有必要对所提取的特征进行优化选择。本研究充分分析不同卫星遥感数据特点，构建综合光谱特征、纹理特征、几何特征等光学遥感卫星影像特征和后向散射特征、极化分解特征等雷达遥感数据多维对象特征量，基于 RF 回归模型，从全部对象特征中优选出最优对象特征组合，基于此特征组和训练样本数据，通过机器学习算法获取覆膜种植农田空间分布信息。

第一步，充分挖掘光学卫星数据的时空谱优势，基于不同作物覆膜期到出苗期数据，在对象尺度上构建综合光谱-几何-纹理特征的多维对象特征。光谱特征包括均值、亮度（由于覆膜种植农田与裸土的光谱相似性，对象内部的亮度可能有所不同）和最大差值（Myint et al.，2011）。几何特征包括面积、长度、长宽比、密度、紧凑度、形状指数、周长。纹理特征包括由 GLCM 法计算获取的角二阶矩、对比度、相关性、异质性、信息熵、同质性、均值、标准差。所提取的特征如表 7.3 所示。

表 7.3　不同遥感数据上提取的光谱特征、几何特征、纹理特征

特征类型	特征	描述
光谱特征	均值	对象在第 i 个波段所有灰度均值
	亮度	对象内各波段灰度值的加权平均数
	最大差值	对象内各波段灰度均值间的最大差异
几何特征	面积	表示影像对象内部所包含的像素数
	长度	影像对象长轴方向的长度
	长宽比	影像对象的长度与宽度的比值
	密度	对象像元空间分布
	紧凑度	表征对象的紧凑程度
	形状指数	描述对象边界的光滑程度
	周长	表示对象边界所包含的像素数
纹理特征	角二阶矩	对象内灰度分布的均一程度
	对比度	衡量影像中局部变化数量
	相关性	与相邻像素灰度级的线性依赖
	异质性	影像对象的灰度细节变化程度
	信息熵	反映影像对象的信息量大小
	同质性	反应影像对象的内在差异性
	均值	影像对象的灰度平均值
	标准差	影像对象的灰度变化大小

第二步，计算特征重要性，提出基于 RF 的回归向后剔除特征优化策略，优选出覆膜种植农田遥感识别的对象特征组合。具体计算如下：假设有 Bootstrap 样本 $b=1$，2，$\cdots$，B，其中 B 表示训练样本个数，特征 X_j 的重要性度量 D_j 的计算按照步骤进行。当 $b=1$ 时，在训练样本上创建决策树 T_b，袋外数据标为 L_b^{OOB}，使用 T_b 对 L_b^{OOB} 进行分类，统计正确分类的个数 R_b^{OOB}。对于特征 X_j（$j=1$，2，$\cdots$，N），扰动 L_b^{OOB} 中的特征 X_j 的值，记为 L_{bj}^{OOB}，使用 T_b 对 L_{bj}^{OOB} 进行分类，统计正确分类的个数 R_{bj}^{OOB}。对于其余的样本 $b=2$，3，$\cdots$，B，重复以上步骤，则 X_j 的重要性 D_j 的计算公式如下：

$$D_j = \frac{1}{B}\sum_{i=1}^{B} R_b^{OOB} - R_{bj}^{OOB} \tag{7.6}$$

将此过程循环 100 次，以 100 次的均值得分作为特征的重要性得分，并进行重要性排序。根据特征重要性排序，剔除重要性最小的特征，再对特征进行 RF 回归，评价精度。对剩余特征再进行 RF 特征重要性评价并进行排列，同样剔除重要性最小的特征，对剩余特征进行 RF 回归，评价精度，分析精度是否提高。以此循环剔除重要性最小的特征，并评价剩余特征的 RF 回归精度，直到精度满足要求为止。

三、覆膜种植农田遥感识别与精度评价

以最优对象特征组合为输入量，结合训练样本数据，基于 RF 机器学习算法，进行覆膜种植农田遥感识别，并评估其识别精度。在本案例研究中，选择了 500 棵树的值，随机预测变量的数量为 100，并利用混淆矩阵精度评价参数进行精度评价。

第三节　基于 Pléiades 数据和 OBIA 方法的覆膜种植农田遥感识别

一、Pléiades 影像多尺度分割

为了获取覆膜种植农田遥感识别对象最佳分割尺度，本研究分别设置 50、80、100、150、200、250、300、350、400 的分割尺度参数进行影像分割，通过目视对比分割效果。如图 7.3 所示，对比 9 种不同的分割尺度参数进行影像分割结果，发现分割尺度过大或过小都会导致最后分割结果不精确。分割尺度越大，遥感影像对象的范围就越大，且个数也相应的减少。分割尺度为 50～150 时，影像对象被分割得过于细碎，出现过度分割的情况，影响分割效果；分割尺度为 250～400 时，出现亚分割现象，遥感影像容易出现错分，从而造成覆膜种植农田的漏分；分割尺度为 200 时，边界较为清晰，整体性较好，较容易与其他地物区分。

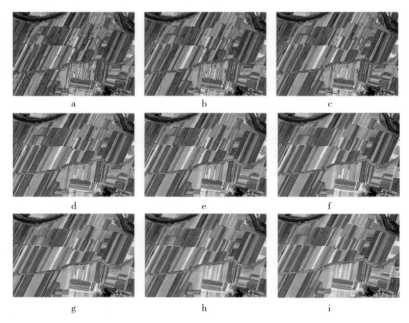

图 7.3　基于不同分割尺度的 Pléiades 数据分割结果

注：a 是分割尺度为 50，b 是分割尺度为 80，c 是分割尺度为 100，d 是分割尺度为 150，e 是分割尺度为 200，f 是分割尺度为 250，g 是分割尺度为 300，h 是分割尺度为 350，i 是分割尺度为 400。

二、特征提取与优化特征集构建

分类效果与所用特征或特征组合相关联，只有选取合适的特征变量，才能具备区分不同地物类型的先决条件，因此有必要构建更加有效的特征空间以提高影像分类精度。本研究提取光谱特征、几何特征、纹理特征等作为主要输入特征。然而，用于遥感影像分类的特征数量并不是越多越好，特征数量太多可能会存在冗余信息或者有可能导致"维数灾难"，从而降低影像分类效率。因此，本研究利用机器学习回归优化方法对所提取特征进行优化选择，以便筛选出最优特征子集作为覆膜种植农田遥感识别输入参数。

为了获取最优的特征组合，提取了光谱特征、几何特征和纹理特征等多源对象尺度特征，并利用 RF 后向剔除回归模型对所提取特征进行降维优化，最后构建了包含 17 种特征的优化特征子集，如图 7.4 所示。其中，光谱特征包括各波段反射率均值、亮度和最大差值，几何特征包括长度、长宽比、密度、紧凑度和形状指数等，纹理特征包括对比度、异质性、信息熵和同质性等。

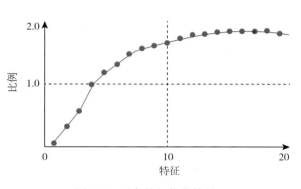

图 7.4　对象特征优化结果

三、覆膜种植农田遥感识别

基于训练样本数据和优化特征子集，利用 RF 机器学习算法进行覆膜种植农田遥感识别研究。结合 OBIA 方法和高空间分辨率 Pléiades 数据的光谱特征、几何特征和纹理特征，能够有效获取覆膜种植农田空间分布信息。其 OA 达到 90.27%，UA 达到 89.97%，PA 达到 89.58%，Kappa 系数为 0.88。如图 7.5 所示，研究区覆膜种植农田（粉色区域）密集分布在中部和东南部地区，而分散分布在北部地区，这与研究区域覆膜种植农田的实际分布情况非常符合；也能看出 OBIA 方法和超高分辨率光学遥感数据可以克服基于像素分类的胡椒效应，有效提高覆膜种植农田遥感识别效果。

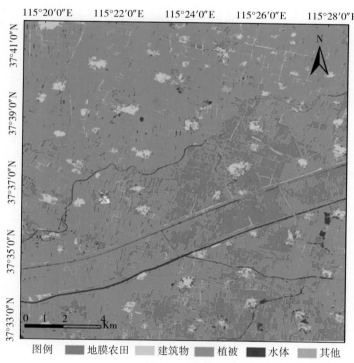

图 7.5　基于 Pléiades 数据和 OBIA 方法的覆膜种植农田空间分布

本研究结果表明该数据和方法能够有效提取覆膜种植农田信息。这是归因于高分辨率数据和 OBIA 方法有效抑制了基于像元分类的胡椒效应问题。高分辨率遥感影像数据能够提供更为详细的空间结构信息，但有可能导致同物异谱、异物同谱现象，即同类地物光谱差异的增加和不同类地物光谱特征的重叠。而 OBIA 方法的基本处理单元是经过影像分割得到的对象，可以在一定程度上避免像元差异。

Pléiades 数据由于其非常高的空间分辨率，在覆膜种植农田信息提取中提供了足够详细的空间结构信息，使覆膜种植农田边界更加清晰，从而提高了覆膜种植农田信息提取精度，这种高空间分辨率的优势足以弥补其光谱分辨率低的劣势。尤其与 OBIA 技术的结合更加充分发挥了其空间结构信息的优势。因此，覆膜种植农田和其他地物类型信息提取结果更准确、边界更加清晰，细节如图 7.6 和图 7.7 所示。由图 7.6 可以看出，无论是集中分布的覆膜种植农田还是零散分布的覆膜种植农田均能够较准确地获取其空间分布，分布的结构形状与实际分布情况非常接近。由图 7.7 可以看出，除了覆膜种植农田以外，其他地物

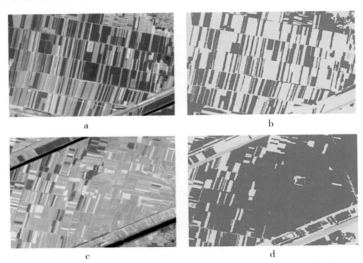

图 7.6　集中分布和零散分布的覆膜种植农田影像及分类结果对比

注：a 是在 Pléiades 影像上零散分布的覆膜种植农田，b 是基于 OBIA 零散分布的覆膜种植农田的分类结果，c 是在 Pléiades 影像上集中分布的覆膜种植农田，d 是基于 OBIA 集中分布的覆膜种植农田的分类结果。

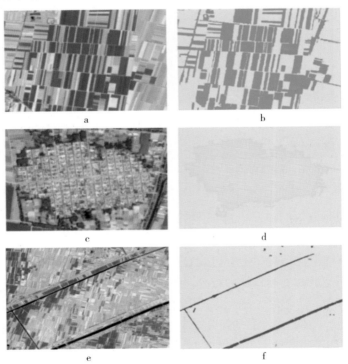

图 7.7　其他地物类型的影像和分类结果对比

注：a、c、e 分别为植被覆盖地区、建筑物和水体，b、d、f 分别为植被覆盖地区、建筑物和水体的分类结果。

（农作物、水体、建筑物）的分类结果也比较理想，尤其是线状地物的轮廓特征比较准确。

　　Pléiades 卫星能够为覆膜种植农田遥感识别提供有效数据源。Pléiades 卫星数据具有超高空间分辨率，不仅能够获取较为真实的颜色、空间布局等细节信息，还能提供地物的形状、大小、位置等方面的信息。根据覆膜种植农田的特征，初步选择 21 种特征，通过计算各特征的信息量与特征之间的相关性，剔除一些不重要或冗余的特征，最终获取包含 17 种特征为覆膜种植农田遥感识别的有效特征子集。相对于基于像元的方法，OBIA 方法能够提供更有效的技术方法支撑，能够克服胡椒效应问题，有效提高覆膜种植农田遥感识别精度。

第四节　基于 Radarsat‐2 数据和 OBIA 方法的覆膜种植农田遥感识别

一、Radarsat‐2 卫星影像多尺度分割

　　利用多尺度分割方法对 Radarsat‐2 数据进行尺度分割，尺度参数分别在 5～30 进行多次分割试验，对分割结果进行目视判断选出最优分割尺度。由图 7.8 可知，Radarsat‐2 数据在 5～20 分割结果存在明显的差异，在 25～30 分割变化相对较小，这说明分割尺度越小，所得到的对象数量越多，单个对象的面积越小。小尺度的分割相当于在大尺度分割过的遥感图像上进行再次分割。分割尺度为 5 和 10（图 7.8a、b）时的分割过于细碎，导致同一种地物分割到不同对象中，而分割尺度为 20、25 和 30 时（图 7.8d、e、f）的分割效果差异不大，由此发现分割尺度不断增大，影像分割效果的变化越来越小，直至达到稳定状态。本研究中选择 15 为最佳分割尺度，进行覆膜种植农田遥感识别特征提取。

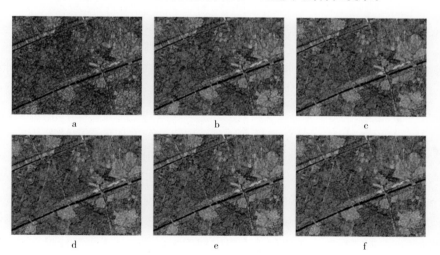

图 7.8　基于不同分割尺度的 Radarsat‐2 影像分割结果

　　注：a 表示分割尺度为 5，b 表示分割尺度为 10，c 表示分割尺度为 15，d 表示分割尺度为 20，e 表示分割尺度为 25，f 表示分割尺度为 30。

二、Radarsat-2卫星影像特征提取及特征优化

覆膜种植农田与非覆膜种植农田在几何特征及纹理特征上有明显区别，这种区别能够被雷达成像技术有效捕获。因此，在最佳分割尺度上进行对象尺度雷达数据特征提取和优化。提取的特征包括 Radarsat-2 后向散射特征、几何特征和纹理特征，共包含 21 种特征值。其中，后向散射特征包括均值和最大差值。几何特征包括长度、长宽比、密度、紧凑度、形状指数和圆度等。纹理特征包括由灰度共生矩阵产生的均一性、对比度、异质性、熵、角二阶矩、均值、相关性和标准差等。为了构建更有效的覆膜种植农田遥感识别雷达数据特征空间，利用 RF 机器学习算法后向剔除回归模型进行了特征降维优化，获取最优特征子集。最后形成了包含 16 种特征变量的优化特征集，如表 7.4 所示。优化特征集由后向散射特征、几何特征、纹理特征构成。其中，后向散射特征包括四个极化方式 HH、VV、VH、HV、均值和最大差。几何特征包括长宽比、紧凑度、形状指数和圆度。纹理特征包括对比度、异质性、熵、角二阶矩、均值和标准差。

表 7.4　由 Radarsat-2 数据产生的优化特征

特征类型	优化特征
后向散射特征	HH、VV、VH、HV、均值、最大差值
几何特征	长宽比、紧凑度、形状指数、圆度
纹理特征	对比度、异质性、熵、角二阶矩、均值、标准差

三、基于 Radarsat-2 卫星数据的覆膜种植农田信息提取

采用多尺度分割方法对 Radarsat-2 数据进行尺度分割，通过多次对比试验得到优化的分割尺度，在优化的尺度下提取光谱特征、后向散射特征、几何特征和纹理特征等多个对象尺度特征。然后，基于优化后的特征子集和样本数据，利用 RF 进行覆膜种植农田遥感识别。基于 Radarsat-2 数据，结合 OBIA 和 RF 算法能够有效提取覆膜种植农田空间分布，其 OA 达到 80.83%，UA 达到 79.97%，PA 达到 80.58%，Kappa 系数为 0.79。

获取的覆膜种植农田空间分布格局与研究区覆膜种植农田的实际情况基本一致，但识别详细程度不如基于 Pléiades 数据的结果。如图 7.9 所示，冀州市覆膜种植农田（粉红色区域）主要集中分布在中部和东南部地区，零散分布在北部地区。与高分辨率 Pléiades 数据相比，结合 Radarsat-2 数据和 OBIA 方法的覆膜种植农田识别效果并不理想。但本研究中只考虑了 Radarsat-2 数据的四种极化方式的后向散射特征，并未考虑其极化分解特征，如果将极化分解特征引入覆膜种植农田识别当中，有可能会更好地提高识别精度并获取更加合理的覆膜种植农田空间分布。

图 7.10 和图 7.11 展示了一些细节，基于 Radarsat-2 数据的 HH、VV、HV 和 VH 极化后向散射特征、几何特征、纹理特征的覆膜种植农田和其他地物类型的识别结果与其

实际分布情况基本符合，但是一些详细信息被遗漏。

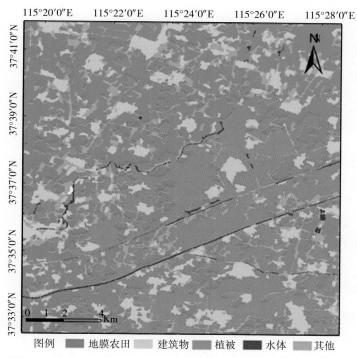

图 7.9　基于 Pléiades 数据和 OBIA 方法的覆膜种植农田空间分布

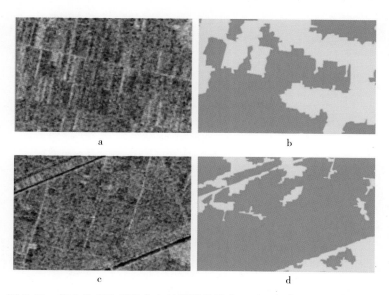

图 7.10　集中分布和零散分布的覆膜种植农田雷达影像与识别结果对比

注：a 为零散分布的覆膜种植农田 Radarsat－2 影像，b 为其识别结果；c 为集中分布的覆膜种植农田 Radarsat－2 影像，d 为其识别结果。

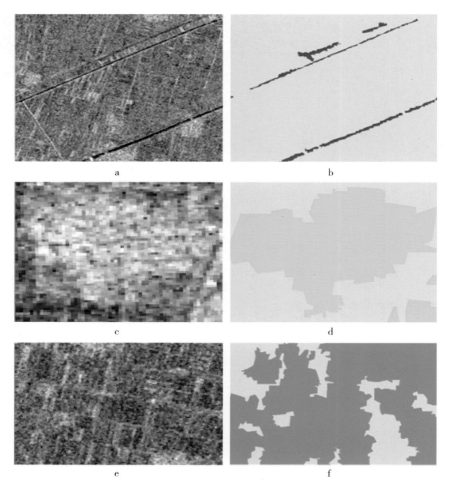

图 7.11　研究区其他地物类型雷达影像与识别结果对比

注：a、c、e 分别为植被、建筑物和水体的 Radarsat-2 影像，b、d、f 分别为其识别结果。

第五节　基于 Sentinel-2 数据和 OBIA 方法的覆膜种植农田遥感识别

以 Sentinel-2 数据和实地调查数据为基础，在对象尺度上开展复杂种植背景下覆膜种植农田遥感识别研究。总体思路类似于前两节的研究，包括三个步骤：数据准备与处理、尺度分割参数优化、基于 RF 机器学习算法的覆膜种植农田遥感识别研究。其中，第一步，完成遥感数据和实地调查数据的收集与处理；第二步，实现多尺度分割参数优化，获取最优尺度分割参数；第三步，基于 RF 回归模型的向后剔除特征优化，获取最优对象特征组合，通过 RF 机器学习算法获取覆膜种植农田空间分布信息。

一、Sentinel - 2 卫星影像多尺度分割

影像中不同地物大小差异明显，同一尺度并不能满足所有地物的信息提取需要，而多尺度分割方法可通过建立不同分割尺度、考虑实际地物分布格局的多样性，采用逐层分割的方法对影像进行分割。首先设置分割参数，明确紧凑度、颜色、形状等因子在影像分割中所占比例的大小。然后检查分割对象的分割情况是否合适，主要检查每一种对象是否都分割在各自的对象中，从而来确定分割的优劣情况。本研究以 10 为步长，10～200 共设置了 20 个分割尺度进行影像分割。在尺度分割参数中形状因子、紧凑度因子分别设定为 0.1 和 0.5。

图 7.12 中展示了部分尺度分割结果，发现 30、50 与 80 的分割尺度，分割太过细密，分割结果细碎，不利于样本的选择。而分割尺度为 150 和 200 时，分割对象并不完整，分割尺度太大。分割尺度为 100 时，分割对象相对完整，覆膜农田的分割尺度最优，大小适宜，最有益于后续覆膜种植农田信息的提取。

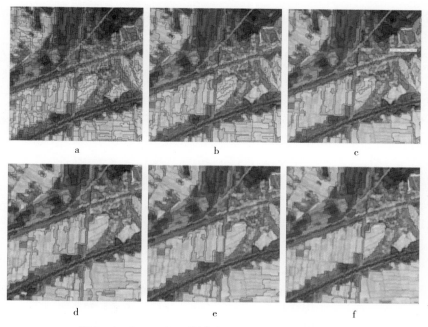

图 7.12　Sentinel - 2 影像在不同尺度下的分割结果

注：a 表示分割尺度为 30，b 表示分割尺度为 50，c 表示分割尺度为 80，d 表示分割尺度为 100，e 表示分割尺度为 150，f 表示分割尺度为 200。

二、Sentinel - 2 卫星影像特征提取及优化

本研究主要通过提取光谱特征、几何特征、纹理特征等为主要输入参数。其中，光谱特征包括各波段均值、亮度、灰度值、方差等，几何特征包括长宽比、面积、周长等，纹

理特征包括同质性、异质性、对比度等。利用机器学习算法回归优化方法对所提取特征进行优化选择，以优化特征子集作为覆膜种植农田遥感识别的输入参数。采用 RF 机器学习算法回归向后剔除方法进行优化，获取了优化后的 21 种特征子集。发现被选中的几何特征较多（表 7.5），说明在覆膜种植农田遥感识别中几何特征贡献较大。

表 7.5　被选中的光谱特征、几何特征、纹理特征

特征类型	被选特征
光谱特征	亮度、最大差值、均值（12 个波段）
几何特征	边界长度、长宽比、密度、紧凑度、圆度、形状指数
纹理特征	均值、均一性、对比度、异质性、熵

三、基于 Sentinel－2 卫星数据的覆膜种植农田遥感识别

以最优对象特征组合为输入量，结合野外调查训练样本数据，基于 RF 机器学习算法，获取覆膜种植农田空间分布信息。利用野外验证点建立混淆矩阵，评价覆膜种植农田遥感识别精度。

基于 Sentinel－2 卫星数据和 OBIA 的覆膜种植农田空间分布如图 7.13 所示。OA 达 93.03％，Kappa 系数达 0.91。其中，灌水的覆膜种植农田的 UA 为 91.35％、PA 为 88.57％，而无灌水的覆膜种植农田的 UA 为 97.10％、PA 为 98.63％。由图 7.13 可以看出，无灌水的覆膜种植农田主要分布在河套灌区西部和中北部地区，而灌水的覆膜种植农田主要分布在研究区的东部和中南部。

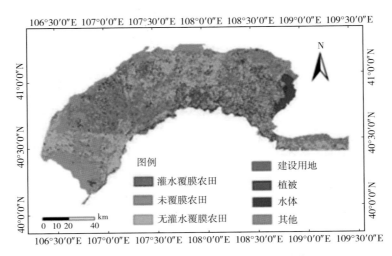

图 7.13　河套灌区覆膜种植农田空间分布

通过对比分析发现本研究结果与已有研究略有不同。已有研究中使用的遥感影像数据以中高分辨率可见光、近红外波段数据为主，识别方法以 SVM、RF 等机器学习算法为

主的像元尺度研究。与 Landsat - 5 卫星影像和 GF - 1 卫星影像有所不同，Sentinel - 2 数据的波段数量多，空间分辨率也高，更适用于 OBIA 方法，更好地刻画覆膜种植农田空间分布。

::::::::::::::::::::: 第六节　本章小结 :::::::::::::::::::::

采用 Pléiades 卫星、Radarsat - 2 卫星和 Sentinel - 2 卫星数据为主要数据源，利用 OBIA 方法，对河北省冀州市部分地区和河套灌区覆膜种植农田遥感识别进行研究。利用多尺度分割方法，对遥感卫星影像进行尺度分割，获取覆膜种植农田遥感识别的最优分割尺度。在此基础上，提取了光谱特征、几何特征、纹理特征等多种特征，并利用 RF 向后剔除特征优化算法进行特征优化，选出优化特征子集。基于优化特征子集和 RF 机器学习算法进行覆膜种植农田遥感识别，并利用混淆矩阵法进行识别精度验证。

Pléiades 卫星、Radarsat - 2 卫星和 Sentinel - 2 卫星数据都可作为覆膜种植农田遥感识别的有效数据源，但数据之间存在一定差异。

OBIA 方法是覆膜种植农田遥感识别的有效技术方法，能够以空间结构特征和几何特征的优势克服基于像元的分类方法的胡椒效应问题，有效提高覆膜种植农田遥感识别精度。

利用不同遥感数据时，最优分割尺度参数不同。Pléiades 数据的最优分割尺度为 200，Radarsat - 2 数据的最优分割参数为 15，而 Sentinel - 2 数据的最优分割参数为 100。

基于不同数据的覆膜种植农田识别精度有所不同。其中，基于 Sentinel - 2 卫星数据的覆膜种植农田遥感识别精度最高，OA 达 93.03%，Kappa 系数达 0.91；而基于 Radarsat - 2 数据的覆膜种植农田识别精度最低，OA 为 80.83%，Kappa 系数为 0.79；基于 Pléiades 数据的覆膜种植农田遥感识别精度居中，OA 达 90.27%，Kappa 系数达 0.88。

第八章　基于面向对象影像分析的不同颜色覆膜种植农田遥感识别

众所周知覆膜种植技术（黑色地膜、白色地膜、双色地膜）是在防止土壤养分流失、改善土壤微环境、抑制杂草生长、保水保肥及增产增收方面起着重要作用。然而，不同地膜类型的作用略有不同。其中，白色地膜具有较强的保温效果，应用最为广泛；黑色地膜也因其较强的杂草防治与去除功能，在农业生产中逐渐被扩大应用范围。但其分布格局与覆盖面积尚不清楚，且缺乏相关技术方法，因此，快速、有效、精准获取不同颜色覆膜种植农田的时空分布信息有助于发挥其积极作用、缓解生态环境压力，且对监管地膜的使用具有重要意义。本研究以 Sentinel - 2A 卫星影像数据为数据源，以河套灌区为研究区，采用 ESP 尺度评价和面积平均差确定最优分割参数，通过 RF 算法获取最优特征组合，利用 RF、CART 决策树、SVM 机器学习算法三种分类器进行对比研究，进行白色地膜和黑色地膜种植农田遥感识别。

第一节　研究区及数据

本章以河套灌区为研究对象、Sentinel - 2A 卫星影像数据为主要数据源，数据获取时间为 2020 年 5 月 6 日。为了研究不同颜色覆膜种植农田遥感识别，采集了不同地物类型的实地样本数据。研究区地物类型可分为白色地膜覆盖种植农田、黑色地膜覆盖种植农田、地膜覆盖种植＋灌水农田、植被（小麦和绿化树）、水体、建设用地、未利用地、盐碱地等，共采集样本 4 771 个（表 8.1）。

表 8.1　地物类型样本数据

地物类型	训练样本（个）	验证样本（个）
白色地膜覆盖种植农田	505	300
黑色地膜覆盖种植农田	703	301
地膜覆盖种植＋灌水农田	300	101
植被	600	201
水体	200	100

（续）

地物类型	训练样本（个）	验证样本（个）
建设用地	647	314
未利用地	101	97
盐碱地	201	100
合计	3 257	1 514

第二节　研究方法与技术路线

本研究采用以包含尺度、方向及语义信息在内的对象为基础进行分析的面向对象分析方法，该方法能有效抑制影像分类中出现的胡椒效应，尤其是在高分辨率遥感影像分类中起着重要作用。在地膜覆盖最优分割尺度下，基于最优特征空间的随机森林算法进行地膜覆盖信息提取研究，包括数据预处理、影像分割、最优特征组合、影像分类、精度评价及覆膜农田信息提取 6 个主要环节。

一、遥感影像分割参数优化

遥感影像多尺度分割是面向对象影像分析方法的关键步骤，分割的好坏直接影响最后的分类精度，其分割结果主要由 3 个参数决定，即分割尺度、形状因子、紧凑度因子，其中形状因子和紧凑度因子权重为 0.1～0.9。本研究分割尺度首先通过 ESP 尺度评价工具进行初步评价，确定各地物的潜在最优分割尺度。其取值范围为 [50，120]，步长为 1 进行递增。在此基础上利用面积平均差确定地膜覆盖相对应的最优分割尺度参数。

ESP 尺度评价：通过统计影像同质性的局部方差及其变化率值（Rate of Change，ROC）来确定最优分割尺度。当 ROC 达到峰值时，所对应的分割尺度极有可能为某种地物最优分割尺度。

$$ROC = \frac{L_{i+1} - L_i}{L_i} \times 100\% \qquad (8.1)$$

式（8.1）中，L_{i+1} 表示第 $i+1$ 层对象的平均标准差，L_i 表示第 i 层中对象的平均标准差。

面积平均差：通过统计地膜覆盖农田样本多边形与对应点的验证多边形面积平均差来构建分割评价指数。利用 ArcGIS 软件绘制多个地膜覆盖农田样本多边形，与同一位置分割后形成的多边形进行对比，面积平均差最小为最佳分割参数。

$$面积平均差 = \frac{1}{n} \sqrt{\sum_{i=1}^{n} (S_{1i} - S_{2i})^2} \qquad (8.2)$$

式（8.2）中，S_{1i} 表示样本第 i 个多边形面积大小，S_{2i} 表示分割后第 i 个多边形面积大小。

二、对象特征提取及特征优化

本研究提取了光谱特征、指数特征、纹理特征和几何特征共 83 个特征构建初始特征变量（表8.2）。光谱特征主要包括各波段均值、亮度值和最大差值。指数特征包括归一化植被指数（Normalized Difference Vegetation Index，NDVI）、归一化水体指数（Normalized Difference Water Index，NDWI）和归一化建筑物指数（Normalized Difference Building Index，NDBI）。纹理特征包括利用 GLCM 法计算平均值、标准差、同质性、对比度、非相似性、熵、角二阶矩、相关性，以及利用灰度差向量（Gray-Level Difference Vector，GLDV）计算平均值、对比度、熵、角二阶矩。几何特征包括长宽比、形状指数、不对称性、边界指数、紧密度及圆度等。

表8.2　特征变量

特征类型	特征变量	合计个数
光谱特征	最大差值、亮度值、各波段均值	14
指数特征	归一化植被指数 [NDVI＝(NIR-R)/(NIR+R)]、归一化水体指数 [NDWI＝(G-NIR)/(G+NIR)]、归一化建筑物指数 [NDBI＝(SWIR-NIR)/(SWIR+NIR)]	3
纹理特征	GLCM：平均值、标准差、同质性、对比度、非相似性、熵、角二阶矩、相关性 GLDV：平均值、对比度、熵、角二阶矩	60
几何特征	长宽比、形状指数、不对称性、边界指数、紧密度、圆度	6

注：B、G、R、NIR 分别表示蓝光波段、绿光波段、红光波段、近红外波段。

三、特征重要性评价与最优特征子集构建

本研究基于 RF 算法进行特征重要性评价，计算每个特征对分类结果的重要程度，最后按平均重要性进行排序，从而构建最优特征空间。

四、不同颜色覆膜种植农田遥感识别与精度评价

基于优化特征集，利用 CART、RF 和 SVM 进行不同颜色覆膜种植农田识别。CART 是一种非参数分类器，通过分析训练集，学习规则，并进行分类。决策树被称为自上而下的分类方法，它由一个根节点（包含所有数据）、一组内部节点（拆分）和一组终端节点（叶子）组成。RF 是一种基于决策树多分类器的集成分类器。作为一种分类预测模型，它能有效避免过度拟合，降低分类的泛化误差。SVM 是基于统计学习理论，在高维特征空间里确定最优分类超平面，从而能够处理复杂的问题。本研究利用混淆矩阵进行精度评价。

第三节　结果与分析

一、不同地物类型光谱特征分析

不同地物光谱特征曲线如图 8.1 所示，白色地膜覆盖农田的光谱反射率整体高于黑色

地膜覆盖农田的反射率。整体上黑色地膜覆盖农田分离性较好，然而，白色地膜覆盖农田在 6～10 波段的反射特征与建设用地和未利用地相似，但在 1～5 波段反射率高于建设用地和未利用地；而在 11～12 波段反射率低于建设用地和未利用地。另外，建设用地和未利用地光谱反射率在第 11、12 波段上具有一定的可分离性。

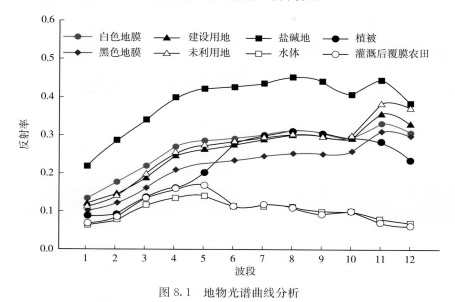

图 8.1　地物光谱曲线分析

注：波段 1-12 分别代表空气气溶胶波段、蓝光波段、绿光波段、红光波段、红边波段、红边波段、红边波段、近红外波段、水蒸气波段、短波红外波段、短波红外波段、短波红外波段。图 9.1 同。

二、最优分割尺度确定

本研究利用 ESP 尺度评价工具对分割尺度进行初步评价（图 8.2），ROC 曲线整体呈现下降趋势，而下降过程中达到峰值的尺度分别是 54、57、69、78、87、92、96、101 和 111，这些峰值代表某种地物的最优分割尺度。然而，ESP 尺度评价并不能有效找出地膜覆盖农田遥感识别最优分割尺度。因此，本研究利用面积平均差进一步确定了最佳分割尺度。首先，将形状因子和紧凑度因子按默认值（0.1、0.5）设置；然后，利用 ESP 尺度评价所得出的初始分割尺度逐一进行分割；最后，计算每一个尺度下的样本多边形和对应的分割后多边形之间的面积平均差（表 8.3）。计算得出尺度参数为 54 时面积平均差最小。在尺度参数为 54 的基础上，紧凑度设置成默认值 0.5，形状因子参数从 0.1～0.9 逐步调试，并计算样本多边形和对应的分割后多边形面积平均差，得出形状因子为 0.5 时面积平均差最小。在尺度参数为 54、形状因子为 0.5 的基础上，在 0.1～0.9 逐步进行紧凑度调试，计算样本多边形和对应的分割后多边形面积平均差，得出紧凑度因子参数为 0.8 时面积平均差最小。因此，最后确定地膜覆盖农田遥感识别最优分割尺度参数分别为尺度参数 54、形状因子 0.5 和紧凑度因子 0.8。

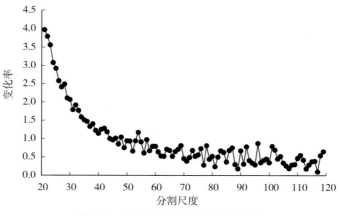

图 8.2　ESP 尺度分割最优参数筛选

表 8.3　尺度分割最优参数筛选

尺度参数	面积（km²）	形状因子	面积（km²）	紧凑度因子	面积（km²）
54	**194.2**	0.1	194.2	0.1	204.1
57	215.3	0.2	172.2	0.2	187.3
69	207.6	0.3	192.8	0.3	200.1
78	309.8	0.4	198.9	0.4	158.0
87	375.0	**0.5**	**151.4**	0.5	151.4
92	364.1	0.6	152.9	0.6	169.5
96	376.0	0.7	161.0	0.7	171.7
101	388.8	0.8	218.8	**0.8**	**147.5**
111	589.1	0.9	661.0	0.9	160.9

三、覆膜种植农田遥感识别特征重要性评价及最优特征子集构建

本研究利用 RF 算法计算 83 个初始特征的重要性，并进行排序。从图 8.3 可以看出，指数特征的贡献最大，其次是光谱特征、几何特征、纹理特征。指数特征中 NDVI 和 NDBI 两个指数特征的贡献最大，重要性排序分别是第一和第二。光谱特征中除了第 7 波段以外的 11 个波段的重要性排序均排在前 14 位，而亮度排序靠后。几何特征中重要性排序靠前的包括形状指数、长宽比、边界指数 3 种特征；排在前 20 位的纹理特征包括 GLCM_Homogeneity（90°）和 GLCM_StdDev（45°）。

基于特征重要性排序，从高到低依次增加特征数量（1～83 个特征），并以不同数量特征为输入参数进行覆膜种植农田遥感识别与精度评定。如图 8.4 所示，随着特征数量的增加识别精度刚开始具有逐渐上升的趋势，而精度达到最大值后呈现波动中逐渐下降的趋势。这是因为刚开始特征数量较少，分类器识别所能利用的有效信息不足，随着特征数量的不断增加，其精度逐渐增加。但是特征数量达到一定数量后，信息冗余和不相关特征也会随之增多，从而导致识别精度的下降。然而，特征数量为 23 时分类精度最高（为 94.1%），表明特征数量 23 为最佳。因此，选择前 23 个特征作为分类器的输入参数。

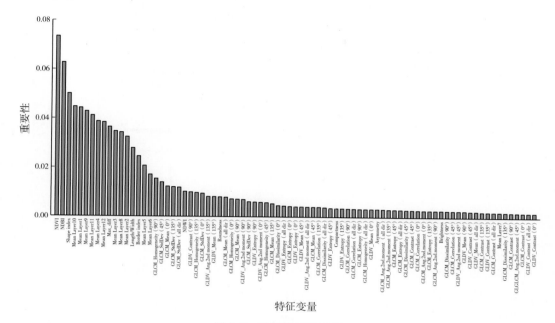

图 8.3　特征重要性排序

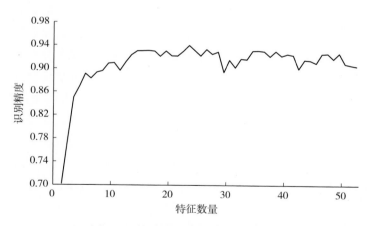

图 8.4　特征数量与识别精度的关系

四、基于不同分类器的覆膜种植农田遥感识别

本研究分别利用 CART、RF 和 SVM 3 种分类器进行覆膜农田遥感识别，如图 8.5 所示，RF 的表现最好，OA 为 80.1%，Kappa 系数为 0.78；其次是 CART，OA 为 79.2%，Kappa 系数为 0.73；SVM 的 OA 为 72.6%，Kappa 系数为 0.69。

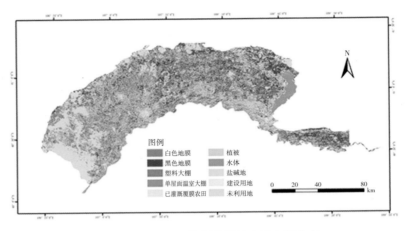

图 8.5　基于 RF 的覆膜种植农田空间分布

第四节　本章小结

　　本研究以 Sentinel－2A 卫星影像数据为数据源，以河套灌区为研究区，结合 OBIA 方法和 RF 机器学习算法，采用 ESP 尺度评价和面积平均差确定最优分割参数，并通过 RF 向后剔除回归算法获取最优特征组合，在这基础上，采用 CART、RF 和 SVM 3 种分类器进行白色地膜覆盖农田和黑色地膜覆盖农田遥感识别，并对比分析不同方法的效果。

　　影像分割是 OBIA 方法的关键步骤，影像分割尺度参数的选择是影响分割效果的主要因素。目前已形成多种影像分割算法，其中多尺度分割算法因考虑参数较为全面（尺度参数、形状、颜色、紧凑度和平滑度等因子）而被广泛应用于 OBIA 分类。然而，多尺度分割算法中存在如何选择最优分割尺度的普遍性问题。目前大部分最优分割参数选择主要通过目视判断确定分割参数，受人为因素的影响较大。为解决以上问题，本研究结合 ESP 尺度评价和面积平均差评价方法，确定了覆膜种植农田遥感识别最优尺度分割参数分别为 54 的尺度参数、0.5 的形状因子和 0.8 的紧凑度因子。准确选出最优分割尺度参数能够有效避免特定地物对象形成时的过分分割或欠分割问题，进而提高识别精度。

　　基于 OBIA 方法能够增加特征维度，然而并非所有特征都对分类起到积极作用，过多的相似或冗余特征会增加模型复杂度并影响分类精度。因此，本研究利用 RF 算法对初始特征进行重要性排序及最优特征数量的计算，并构建最优特征组合。结果发现指数特征和光谱特征的重要性值大于其他特征，并起主要作用，形状指数、长宽比和边界等几何特征的贡献也比较大，然而纹理特征的贡献并不显著。对比分析 CART、RF 和 SVM 三种机器学习算法，发现 RF 的识别精度最高。

　　覆膜种植方式在全球各地使用普遍，并形成了重要的农业景观。其中白色地膜（透明地膜）具有较强的保温效果，其应用最为广泛。近年来黑色地膜也因其较强的防除杂草功能，在农业生产中的应用不断扩大。准确获取覆膜种植农田时空分布信息极为重要。然而，目前地膜覆盖农田遥感识别研究主要以白色地膜覆盖农田（透明地膜）为主，尚未提及黑色地膜覆盖农田遥感识别研究。本研究为了完善覆膜种植农田遥感识别技术体系，基于 Sentinel‐2A 数据在内蒙古河套灌区开展了 OBIA 方法的不同颜色地膜覆盖农田遥感识别研究，并得出以下主要结论：一是利用 ESP 尺度评价方法和面积平均差的方法可以实现特定地物最优分割尺度参数，且分割效果较好；二是通过 RF 回归算法，进行特征重要性排序和特征数量计算，构建最优特征组合以便有效减少特征冗余，提高识别精度；三是在不同颜色地膜覆盖农田遥感识别中，RF 机器学习算法的效果最好，识别精度可达 80.1%，证明基于 Sentinel‐2A 数据且结合 RF 和 OBIA 方法能够有效进行不同颜色地膜覆盖农田遥感识别。

第九章　基于面向对象影像分析技术的农用塑料大棚精细制图

农用大棚（温室大棚、塑料大棚和小拱棚）具有增温、保墒、改善土壤条件及促进农作物生长等作用（Molina-Aiz et al.，2004），从而提高作物产量和品质。因此，农用大棚被广泛应用于反季蔬菜、瓜果和花卉等经济作物的种植栽培中。我国农用大棚占地面积不断增加，截至 2019 年底已经突破 410 万 hm^2（李浩等，2021），其面积和使用量均位居世界首位（骆飞等，2019）。然而，农用大棚的大面积扩张对环境造成了很多负面影响，如土壤退化（杜新民等，2007）、阻碍传粉、减少植物多样性（Lu et al.，2014）、污染水源和造成"白色污染"等（吕江南等，2007；闵炬等，2012；张斌等，2019；马兆嵘等，2020）。除此之外，农业大棚分布面积的不断增加也导致自然景观转化为集约化农业景观，使土地利用类型和自然景观特征发生很大改变（Wu et al.，2016），影响生态系统构成和功能（Lu et al.，2014）。然而，塑料大棚也有全塑料大棚、半墙半塑料覆盖的大棚及小拱棚之分，其塑料的使用量及塑料覆盖面积不同，导致其对农业生产上和地气之间能量平衡的影响及残留的塑料污染程度不同。因此，及时、准确精细提取不同大棚类型信息对设施农业生产管理、环境影响评估及白色污染防治都具有重要意义。

通过实地调查方式获取大棚信息不仅费时、费力、费钱、时效性差，而且很难在大尺度上获取或及时更新大棚空间分布数据。因此，学者尝试利用遥感技术获取大棚信息，并取得了良好进展。当前的大棚信息遥感提取方法可分为基于像元的信息提取方法和面向对象的信息提取方法。诸多学者采用基于像元的最大似然（Agüera et al.，2006）、人工神经网络（Carvajal et al.，2010）、决策树、SVM 和 RF（Koc-San et al.，2013）等监督分类进行大棚信息提取，充分证明了遥感技术在大棚信息提取中的作用和优势，信息提取精度基本都能达到 80% 以上。然而，这些方法通常受到光谱阈值和物候特征的影响，也容易与建筑物产生混淆。为了解决这些问题，有学者提出稳定性和普适性兼优的双系数植被筛分指数（Double Coefficient Vegetation Sieving Index，DCVSI）、高密度植被抑制指数（High-Density Vegetation Inhibition Index，HDVII）、归一化植被指数（Normalized Difference Vegetation Index，NDVI）等塑料大棚制图方法（Shi et al.，

2019），效果都比较好。随着遥感技术的快速发展，高/超高分辨率遥感数据不断问世，能够提供更多空间结构细节信息，这对提高地物信息提取精度提供了新的角度。然而，基于像元的方法不能够充分发挥高分辨率影像的空间结构信息优势，也很难避免同物异谱、异物同谱现象，导致信息提取结果出现胡椒效应。面向对象影像分类方法能够充分挖掘高分辨率影像的光谱、纹理、形状及上下文语义关系等信息，在大棚信息提取中不断被挖掘。有研究指出由于面向对象的分类方法同时可以考虑光谱、几何、空间结构等多源特征，在大棚信息提取上的表现优于基于像元的分类方法，能够有效提高大棚信息提取精度（Arcidiacono et al.，2010；Wu et al.，2016）。但对象特征并不是越多越好，为此学者展开了特征优选方法研究，力求对多源特征进行降维处理，以提高大棚信息精度（Novelli et al.，2016；高梦婕等，2018；汤紫霞等，2020）。虽然上述监督分类方法都能取得较理想的结果，但是高度依赖样本质量和数量，且运行时间较长，为此有研究提出基于高分辨率 WorldView-2 影像分割获取的对象基础上，利用中分辨率 Landsat-8 影像时序特征，构建决策树方法（Aguilar et al.，2015，2016），有效获取大棚空间分布。有研究利用 RF 分类方法获取多时相温室大棚空间分布图（Ou et al.，2019）。

综上所述，目前的大部分研究主要集中在塑料大棚信息的提取上，尚缺乏不同大棚类型信息精细提取方法。因此，本书以 Sentinel-2A 卫星数据为基础，构建了面向对象多层多尺度分割分类的不同大棚类型信息的精细提取方法。

第一节　研究区及数据

本章的研究区为河套灌区，主要数据源为 Sentinel-2A 卫星数据，详细介绍见第二章。本章样本数据的采集与前面几章不同，本研究结合实地调查和 Google Earth 高分辨率影像目视解译，对研究区单屋面温室大棚、塑料大棚、覆膜-灌水农田、覆膜-未灌水农田、植被、水体、建设用地和未利用地 8 种主要地物进行样本数据采集。共选取 4 800 个样本，其中确定阈值样本为 2 400（每个地物各 300）、验证样本为 2 400（每个地物各 300）。

第二节　研究方法与技术路线

一、光谱特征分析

为了给大棚类型信息精细提取方法构建提供基础，首先对 8 种地物类型光谱反射曲线特征进行了分析。如图 9.1 所示，在 Sentinel-2 卫星影像 5~11 波段塑料大棚光谱反射率高于单屋面温室大棚，对于两种大棚而言具有较高的可分离性，但由于结构特点相似性导致单屋面温室大棚与建设用地光谱曲线形状具有一定的相似性；在 6~11 波段单屋面温室大棚光谱反射率高于建设用地，这可能导致单屋面温室大棚与建设用地的混淆。

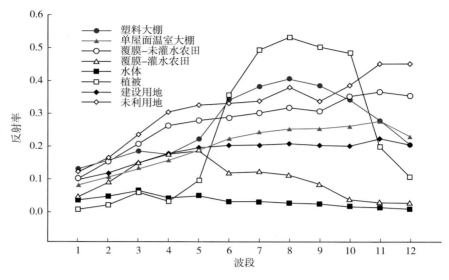

图 9.1　研究区主要地物光谱分析

二、不同大棚类型信息精细提取

构建大棚类型信息精细提取方法步骤包括数据预处理、最优分割尺度确定、特征提取及优化、多层多尺度分类方法构建、精度验证等，如图 9.2 所示。

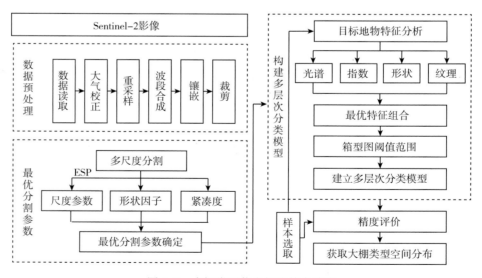

图 9.2　大棚类型信息提取技术路线

（一）最优分割尺度确定

影像分割是面向对象分析方法的关键步骤，分割优劣直接影响地物信息提取精度。众多分割方法中多尺度分割算法（Multiscale Segmentation，MS）是影像分割最常用的方法

（洪亮等，2020）。多尺度分割需要三个重要参数，分别是尺度参数、形状因子和紧凑度因子。最优分割参数的选择常常通过分割参数的不断调整和分割效果的目视判断来实现，但该方法明显受人为主观影响。为此，学者们发展了最优分割尺度参数评价工具（Estimation of Scale Parameter，ESP）。ESP 是通过统计影像同质性的局部方差以及其变化率（Rate of Change，ROC）（公式 9.1）来确定最优分割尺度。当 ROC 呈现峰值时，相对应的分割尺度是某种地物的最优分割尺度，即 ESP 工具初步给出分割尺度评价，再进行反复测试来确定感兴趣地物的最优分割尺度。为找出不同大棚类型信息精细提取最优分割尺度参数，本书在 60～160 以步长为 10 进行分割，利用 ESP 进行评价。从图 9.3 可以看出，ESP 评价结果共有 12 个峰值，即不同地物对应 12 个最优分割尺度。最后利用目视解译方法从 12 个峰值中选出该研究区主要地物相对应的最优分割参数，水体、覆膜-灌水农田的最优分割尺度为 147，塑料大棚、植被、建设用地最优分割尺度为 107，单屋面温室大棚、覆膜-未灌水农田最优分割尺度为 87。未利用地因分布面积大，在 60～160 存在过度分割问题，因此选取了较大尺度 400 为分割参数。最终，根据所有地物的分割尺度参数构建自上而下 4 层分割，分割尺度分别为 400、147、107 和 87，而形状因子和紧凑度参数设置为默认值 0.1 和 0.5。在不同尺度上不同大棚类型的分割效果如图 9.4 所示。

$$ROC = \frac{L_{i+1} - L_i}{L_i} \times 100\% \tag{9.1}$$

式（9.1）中，L_{i+1} 表示第 $i+1$ 层对象的平均标准差，L_i 表示第 i 层对象的平均标准差。

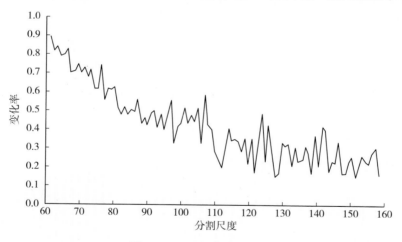

图 9.3　ESP 尺度分割评价

（二）初始特征构建及优化

为了从特征层面扩大地物之间的可分离性，综合光谱特征（最大差值、亮度、各波段均值）、指数特征（归一化植被指数、归一化水体指数、归一化建筑物指数）、几何特征（长宽比、形状指数和对称性）、纹理特征（灰度共生矩阵产生的平均值、标准差、同质性、对比度、异质性、熵、角二阶矩和相关性），构建包含 52 个特征的初始特征变量（表 9.1）。在此基础上，利用 eCognition 特征空间优化方法进行样本可分离性计算，并得

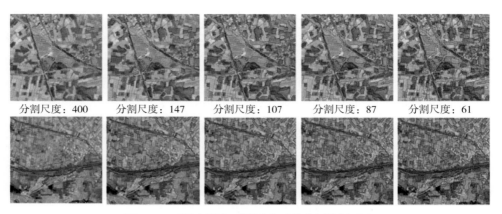

图 9.4 不同大棚在不同尺度下的分割效果对比

注：第一行为单屋面温室大棚的分割效果对比，第二行为塑料大棚的分割效果对比。

出最适合分类的特征组合，有效减少特征维数，提供有效的参考特征。从图 9.5 可以看出，最优特征维数为 8 个，分别是 NDVI、NDBI、短波红外波段、蓝光波段、亮度、熵（45°）、角二阶矩（0°）、近红外波段。最后，根据 8 个特征计算出各层之间的可分离度。

表 9.1 特征变量

特征类型	特征变量	合计个数
光谱特征	最大差值、亮度、各波段均值	14
几何特征	长宽比、形状指数、对称性	3
纹理特征	平均值、标准差、同质性、对比度、异质性、熵、角二阶矩、相关性	32
指数特征	归一化植被指数［NDVI＝(NIR－R)/(NIR＋R)］、归一化水体指数［NDWI＝(G－NIR)/(G＋NIR)］、归一化建筑物指数［NDBI＝(SWIR－NIR)/(SWIR＋NIR)］	3

注：B、G、R、NIR 分别表示蓝光波段、绿光波段、红光波段、近红外波段。

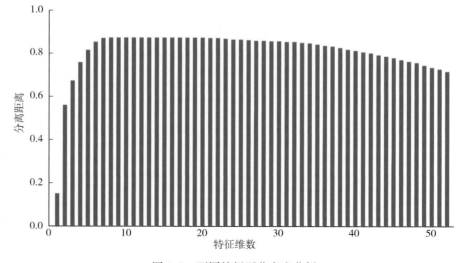

图 9.5 不同特征可分离度分析

（三）确定阈值与方法构建

面向对象多层多尺度分割分类是一个自上而下的分类方法。首先，根据各地物最优分割尺度构建层。其次，根据优化特征在每层样本数据计算相对应的特征及分类阈值范围，研究发现 8 个特征组合中除了近红外波段均已参与分类，如图 9.6 所示。最后，通过层间类别继承和阈值范围完成分类，再找出每层地物相对应可分离性最优特征。该方法简单、直观，适用于复杂地区多个目标的同时提取，如图 9.7 所示。

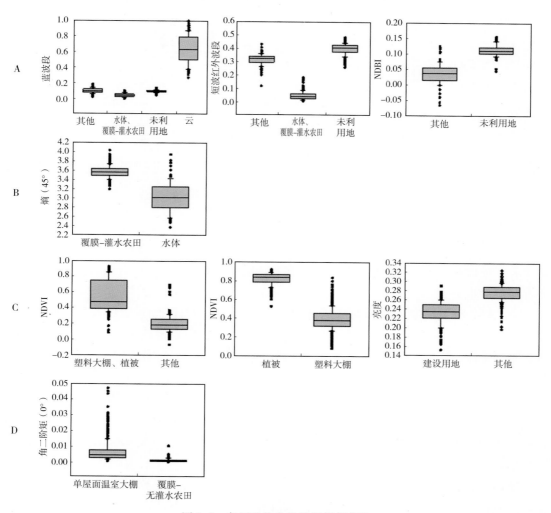

图 9.6　各层地物分类特征阈值获取

注：A 为第一层分类地物的分类特征阈值，B 为第二层分类地物的分类特征阈值，C 为第三层分类地物的分类特征阈值，D 为第四层分类地物的分类特征阈值。

第一层，分割尺度参数为 400，主要提取云和未利用地。若满足蓝波段≥0.28 条件，则类型为云，若不满足则为其他地物。若满足 0.08≤短波红外波段≤0.14 条件，则为水体和覆膜-灌水农田，否则为其他地物。若满足 0.07≤NDBI≤0.17 条件，则为未利用地，

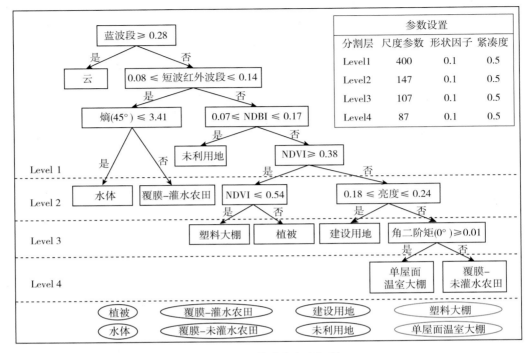

图 9.7　影像分类方法规则

否则为其他地物。进一步分类对象被继承到下一层继续参与分类，已分类对象留在当前层不参与下一步分类。

　　第二层，分割尺度参数为 147，继承上一层中水体、覆膜-灌水农田及其他地物；主要提取水体、覆膜-灌水农田。在水体、覆膜-灌水农田类中，若满足熵（45°）≤3.41 条件，则为水体，否则为覆膜-灌水农田。在其他地物中，若满足 NDVI≥0.38 条件，则为塑料大棚、植被，否则为其他地物。

　　第三层，分割尺度参数为 107，继承上一层中塑料大棚、植被及其他地物，提取塑料大棚、植被和建设用地。在塑料大棚、植被类中，若满足 NDVI≤0.54 条件，则为塑料大棚，否则为植被。在建设用地、其他地物中，若满足 0.18≤亮度≤0.24 条件，则为建设用地，否则为其他地物。

　　第四层，分割尺度参数为 87，继承上一层中其他地物，提取单屋面温室大棚和覆膜-未灌水农田。在其他地物中，若满足角二阶矩（0°）≥0.01 条件，则为单屋面温室大棚，否则为覆膜-未灌水农田。

　　最后将面积较小的云归类为未利用地，并提取单屋面温室大棚、塑料大棚、植被、水体、覆膜-灌水农田、覆膜-未灌水农田、建设用地和未利用地八大类地物信息。

　　（四）信息提取精度验证

　　混淆矩阵是影像分类中常用的精度检验方法，本书利用混淆矩阵进行不同大棚类型信息提取精度评价，主要评价指标包括 OA、PA、UA 和 Kappa 系数。

第三节　结果与讨论

一、不同大棚类型信息提取结果分析

本研究构建的面向对象多层多尺度分割分类的大棚类型信息提取方法的 OA 达 94.8%、Kappa 系数为 0.93，其中塑料大棚的 PA 为 95.3%、UA 为 96.6%，单屋面温室大棚的 PA 为 88.5%、UA 为 92.6%。

不同大棚空间分布如图 9.8 所示，大棚面积在河套灌区总体面积中占比较小，塑料大棚集中分布在杭锦后旗，单屋面温室大棚集中分布在巴彦淖尔市和五原县城郊附近。河套灌区大棚总面积为 2 200hm²，其中塑料大棚面积为 900hm²、单屋面温室大棚面积为 1 300hm²。

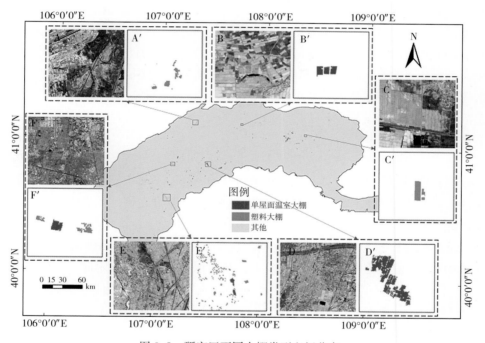

图 9.8　研究区不同大棚类型空间分布

注：A－F 为标准假彩色 RGB 影像，A′－F′为大棚信息提取结果，其中 AA′为稀疏分布塑料大棚、BB′为稀疏分布单屋面温室大棚、CC′为单个塑料大棚、DD′为连片单屋面温室大棚、EE′为连片小面积塑料大棚、FF′为塑料大棚和单屋面温室大棚混合。

二、讨论

本书以 Sentinel－2A 遥感影像为基础，构建了面向对象多层多尺度分割分类的大棚类型信息提取方法。Sentinel－2A 卫星数据具有波段多、空间分辨率高、重放周期短等优

势，为大棚信息精细提取提供高质量的时-空-谱多源信息。面向对象影像分析方法也能够充分挖掘 Sentinel-2A 数据的空间结构信息。因此，本书构建了考虑不同地物最佳分割尺度差异的面向对象多层多尺度分割分类的大棚信息提取方法，信息提取精度达94.8%，证明该方法的有效性和可行性，可为农用大棚监控、管理及规划提供技术方法支持。

影像分割是面向对象分类的首要步骤。随着技术的进步和应用需求的提高，影像分割算法不断涌现，其中基于多尺度分割算法广泛应用于高空间分辨率遥感图像分割中。由于以往研究中的提取目标单一，只需找出某一特定地物的最优分割参数即可，不必考虑不同地物分割尺度不同的问题，这不适用于多目标同步提取。因此，本书选用 ESP尺度评价，获取 ROC 峰值，并分别找出不同地物类型对应的最优分割尺度，进行自上而下的分割，确定不同地物最优分割尺度。这将减少过度分割与亚分割问题，最终提高分类精度。

特征的选择也是重要步骤。通过分割得到的每一个同质性对象对应图像的一个实体，每个对象都具有不同的特征。其中，光谱特征是基本特征，在分类过程中起着重要的作用。判别特征的选取是面向对象多层多尺度分割分类方法的关键，由于地表复杂，在分类过程中需要将更多的土地类型区分开，因此需要在面向对象多层多尺度分割的分类中创建更多的鉴别特征。从优选出的特征可以看出光谱特征和指数特征贡献最大，其次是纹理特征。最后，基于优选特征根据样本进行地物阈值确定。相比传统的阈值确定方法，本书提出的方法更具有科学依据。

总而言之，本书所构建的面向对象多层多尺度分割分类方法是针对多个目标地物提取的一种检测特定类别而剔除其他类别的排他性分类方法，适用于复杂地表的地物提取。该分类方法不需要大量训练样本，不像其他监督分类方法需要在训练图像中标记所有的土地覆盖。因此，面向对象多层多尺度分割分类方法不会增加分类成本，且节省时间和精力，适合在大范围的多个目标精细提取研究中使用。不足的是，由于大棚反射率受大棚内作物、大棚构造等多因素的影响，具体特征及阈值范围因地区不同而不同。

第四节　本章小结

本书以 Sentinel-2A 卫星影像为数据源，构建面向对象多层多尺度分割分类方法对河套灌区大棚类型信息进行精细提取研究。首先，利用 ESP 尺度评价工具确定研究区每种地物的最优分割尺度，构建不同层次，在此基础上提取和优化多种特征；其次，基于样本数据和优化特征对每层目标地物进行分析，确定不同层次不同地物类型的阈值；最后，构建不同大棚类型信息精细提取方法，并利用混淆矩阵法进行精度评价。研究发现 Sentinel-2A 卫星数据是不同大棚类型信息精细提取的有效数据源。利用 ESP 尺度评价方法在地物类型复杂地区能够有效地找出每个地物的最佳分割参数，本研究得出塑料大棚的最佳分割尺度为107，而单屋面温室大棚的最佳分割尺度为87。面向对象多层多尺度分割分类方法能有效提取不同大棚类型精细信息，OA 达 94.8%，Kappa 系数达 0.93，其中塑料大棚的 PA、UA 分别为 95.3% 和 96.6%，单屋面温室大棚信息提取 PA、UA 分别为 88.5% 和 92.6%。本书所构建的方法能够有效获取不同大棚类型空间分布，能够为农用大棚规划管理提供技术支撑和数据基础。

第十章　结论与展望

第一节　结　　论

　　覆膜种植技术能够有效改善农田水热条件，促进农作物生长发育，提高作物产量，为我国农业生产和粮食安全保障做出重大贡献。然而，随着大面积推广使用，覆膜种植技术也带来了一些较严重的生态环境问题。为保障农业生产和保护生态环境，获取覆膜种植农田空间信息极为紧迫。为了建立覆膜种植农田遥感识别技术体系，本研究选取华北平原典型覆膜种植区的河北省衡水市冀州市、黄土高原地区典型旱作地膜覆盖农业区域宁夏回族自治区固原市原州区、黄河流域典型覆膜种植区内蒙古河套灌区为研究区，采用多种光学遥感数据和雷达遥感数据，从基于像元尺度的信息提取和面向对象的信息提取两个层面，探讨了多源数据、多种特征、多种方法在覆膜种植农田遥感识别中的潜力。充分分析覆膜种植农田的光谱特征、纹理特征、几何特征、后向散射特征、极化分解特征等多种特征，利用局部方差法、SVM 机器学习算法、RF 机器学习算法、OBIA 技术，分别开展了覆膜种植农田遥感识别有效空间尺度及尺度影响、覆膜种植农田遥感识别最优时间窗口、多源数据多种特征优化研究。主要研究内容和研究结果如下：

　　第一，基于 GF-1 卫星数据的覆膜种植农田遥感识别有效空间尺度及其范围、尺度影响分析，发现覆膜种植农田遥感识别有效空间尺度基本上位于 8～20m，并且指出覆膜种植农田遥感识别光谱特征和纹理特征的贡献随着空间分辨率的降低而降低。纹理特征的空间尺度依赖性大于光谱特征，同时空间分辨率足够高时，基于 GF-1 卫星数据纹理特征的识别精度高于基于其光谱特征的识别精度。基于 GF-1 卫星数据的覆膜种植农田遥感识别最高 OA 可达到 96.05%。

　　第二，基于多时相 Landsat-8 卫星数据开展的覆膜种植农田遥感识别最佳时间窗口、时空谱特征优化研究表明，覆膜种植农田遥感识别中光谱特征最重要、指数特征和纹理特征较重要。在时间窗口上，4 月为我国北方地区覆膜种植农田遥感识别最佳时间窗口，其次是 5 月。因此，在最优时相组合中 4 月和 5 月数据结合获取的最优结果，其最高识别精度能达到 97.01%。本研究也证明了基于多时相数据结合的覆膜种植农田遥感识别精度显著高于基于单时相数据的识别精度。

第三，基于 Radarsat - 2 雷达遥感数据的覆膜种植农田遥感识别精度都较低，尽管引入了多种极化分解特征，其识别精度仍低于 80%。但是极化分解特征的贡献较大，其中 H/A/Alpha 分解特征贡献最大，如 Alpha、Entropy。

第四，基于多源遥感数据开展的覆膜种植农田遥感识别研究发现，协同光学遥感数据和雷达遥感数据可以显著提高覆膜种植农田识别精度。GF - 1、Landsat - 8 和 Radarsat - 2 三种数据相结合时覆膜种植农田识别精度达到最高，OA 为 95.78%。而基于 GF - 1 和 Radarsat - 2 数据相结合的覆膜种植农田识别精度高于基于 Landsat - 8 和 Radarsat - 2 相结合的覆膜种植农田识别精度，证明了空间分辨率在覆膜种植农田遥感识别中的重要性。

第五，基于 Pléiades、Sentinel - 2A 和 Radarsat - 2 卫星数据，开展了 OBIA 技术的覆膜种植农田遥感识别研究。发现不同卫星数据的最优分割尺度不同，最优特征组合不同，得到的识别精度也不同，最高识别精度可达 93.03%；基于 Sentinel - 2A 卫星数据的识别精度最高，其次是 Pléiades 卫星数据，精度最低的是基于 Radarsat - 2 卫星数据的覆膜种植农田遥感识别。

第六，基于 Sentinel - 2A 卫星数据和 OBIA 技术，在河套灌区开展了不同颜色覆膜种植农田遥感识别研究。结果表明，该研究框架能够有效提取不同颜色覆膜种植农田信息，OA 达 90.21%。而基于 Sentinel - 2A 卫星数据，构建面向对象多层多尺度分割分类方法，进行大棚类型信息的精细识别研究，最高 OA 达 94.8%，其中塑料大棚的 PA、UA 分别为 95.3% 和 96.6%；单屋面温室大棚信息提取 PA、UA 分别为 88.5% 和 92.6%。

第七，对于数据源来讲，GF - 1、Sentinel - 2A、Landsat - 8 这几种光学卫星都能够为覆膜种植农田遥感识别提供有效数据源，而单独 Radarsat - 2 雷达数据未能得到理想的结果。不同数据在覆膜种植农田遥感识别中发挥着各自的优势，如 GF - 1 数据发挥着其空间分辨率高的优势，而 Sentinel - 2A 数据在时间和空间分辨上都占优势，但在本研究中尚未探究多时相 Sentinel - 2A 数据的潜力。Landsat - 8 数据因其适合的空间分辨率和相应的时间分辨率在较大尺度的研究中发挥了更大的潜力，但其混合像元问题也不容忽视。

第八，对于方法来讲，不管在特征选择上还是在识别精度上，RF 均优于 SVM。基于 RF 选择特征的识别精度要高于基于 SVM 选择特征的识别精度，而 RF 特征选择过程和运算速度都优于 SVM。基于像元的方法与多时相多源数据结合的覆膜种植农田遥感识别效果优于单时相数据和 OBIA 方法的结合。对于高空间分辨率光学遥感数据来讲，OBIA 方法能够更准确、更清楚地表征覆膜种植农田信息，也能克服基于像元的方法产生的胡椒效应问题，从而有效提高覆膜农田遥感识别精度。

总体上，本研究提出了覆膜种植农田遥感识别技术方法的理论框架，证明了覆膜种植农田遥感识别的可行性和有效性。充分分析了不同数据和不同方法在覆膜种植农田遥感识别中的优势与不足，可结合实际选择不同的数据和方法。本研究能够为覆膜种植农田遥感识别及其生态环境效应评估与权衡提供有利的基础，为残膜监管、覆膜种植措施的生产效益及生态效应的权衡与协同提升提供科学依据和技术支撑。同时，有助于丰富土地利用/土地覆盖变化领域及遥感信息挖掘领域的理论与方法，也对精准农业发展、农业环境污染防治与保护，以及实现生态优先、绿色发展战略目标等方面都具有重要意义。

第二节　不足与展望

本研究选择我国华北平原、黄土高原、黄河流域等不同区域的典型覆膜种植区域作为研究区，结合 Pléiades、GF-1、Landsat-8、Sentinel-2A 卫星等光学遥感数据及 Radarsat-2 雷达遥感数据，在像元尺度和对象尺度上探索了覆膜种植农田遥感识别多种情景模式的效果，能够为覆膜种植农田遥感识别及不同地物类型信息遥感表征提供参考依据，但在研究中仍存在以下不足之处：

一是由于本研究只选择了具有一定代表性的几个研究区，这几个研究区都分布在我国北方一年一熟制种植模式地区（覆膜作物单一）。我国南方多熟制地区也广泛使用覆膜种植技术，相对于北方平原和高原地区，南方地区覆膜种植农田识别具有其独特性和挑战性。因此，在下一步工作中将对我国南方多熟制地区的覆膜种植农田进行遥感识别研究，从而为全国尺度（空间）和全年尺度（时间）覆膜种植农田遥感识别提供理论与方法基础。

二是本研究主要开展基于多源卫星数据相结合的覆膜种植农田识别研究，但在具有针对性的数据融合方法研究方面尚未开展相关探索。在下一步工作中，需要发展新的数据融合算法对多源数据进行融合处理，挖掘多源卫星遥感数据在覆膜种植农田识别中的时空谱优势，为更大尺度覆膜种植遥感识别提供技术方法支撑。

三是覆膜种植农田遥感识别的主要目的在于开展其社会环境影响效应研究，但是本研究中涉及的研究区范围较小，不能很好地体现其在局部、区域甚至全球尺度上产生的效应。因此，有必要开展相关技术方法在更大空间尺度和更长时间跨度的适宜性、普适性和拓展性研究，进而获取长期大尺度覆膜种植空间分布信息，为开展覆膜种植技术的环境效应评价提供准确的数据基础。

覆膜种植技术对我国农业生产与粮食安全保障具有重要意义，但残留地膜污染严重影响农田生态系统健康。在目前的生态优先、绿色可持续发展背景下，如何实现覆膜种植技术的合理应用与残留污染防控，实现农民增产增收与保护生态环境的双赢，是未来需要解决的关键问题。为了解决本研究中存在的不足、覆膜种植农田时空信息准确表征等实际问题，从农业生产和环境保护的实际需求与绿色发展的视角出发，将未来的主攻方向锁定在以下几个方面：

第一，多作物覆膜时空特征遥感表征方法体系需要进一步完善。目前覆膜种植农田空间分布、覆盖面积与实际情况仍存在着较大误差，覆膜环境效应评估准确性差，覆膜种植农田时空信息遥感表征方面的研究积累较少，而且主要在简单种植环境下的单一作物覆膜种植信息的遥感识别研究。单一作物覆膜种植信息的遥感识别研究仅需要覆膜期的遥感数据便可进行，而多作物覆膜种植地区作物物候期的差异导致单时相数据不能准确捕获覆膜种植信息，故需通过多期遥感数据来表征，需要发展相关技术方法。充分考虑作物类型、种植模式、覆膜方式及其他背景环境的特殊情况，研发适于复杂种植条件下多作物覆膜种植空间分布及暴露时长遥感表征新方法，旨在解决如何获取多作物覆膜信息遥感表征最优对象特征组合，以及如何实现基于时序物候信息进行多作物覆膜暴露时长遥感表征的关键科学问题。目前，深度学习、人工智能等技术成为遥感领域技术前沿，在覆膜种植农田时空信息遥感表征中也需要充分发挥此类技术的优势与潜力，更准确更有效地获取覆膜种植农田时空信息，为其生产效益与环境效应评估提供有力的数据支撑。另外，已有研究中虽然提出了覆膜种植会影响地气间的能量平衡，但并未开展覆膜种植产生环境效应的时间长度的表征研究。覆膜种植对土、水、气的影响与地膜类型、覆盖面积及暴露时长直接相关。因此，明确覆膜空间分布及暴露时长是找出覆膜技术生产效益和环境效应之间平衡点的关键所在，也是防治残膜污染和实现地膜覆盖面积零增长的重要依据。

第二，长期覆膜种植对作物增产效益及土壤性质的影响需要明确。长期覆膜种植及回收不及时、不到位导致农田残膜污染。农业残膜是影响作物-土壤系统健康的重要因素，农业残膜的负面影响波及农业生产、土壤健康及生态环境安全等众多重要领域。因此，及时全面掌握农业残膜情况极为重要。在粮食安全与土壤健康双赢需求下，残膜污染监管越来越紧迫。然而，残膜具有隐蔽性，不能直接进行遥感监测。短期田间实验或室内模拟实验不能揭示长期覆膜对作物-土壤系统影响的时间累加特性。大量研究以田间实验或室内模拟实验的方式开展覆膜种植和农业残膜对农业生产与生态环境的影响特征研究。此类研究涉及的空间尺度小、时间周期短，不能体现覆膜种植影响的长时间累加特性和空间连续性。因此，长期覆膜种植对作物增产效益和土壤性质的影响规律尚不明确。虽然短时间尺度的覆膜农田遥感表征方法研究已取得了良好进展，但是尚未开展长期大尺度的覆膜种植农田遥感识别研究，缺乏相关数据，不能满足大时空尺度的生产效益和环境效应研究需求。另外，已有研究指出了农业残膜的积累也与覆膜种植作物类型相关，但缺乏覆膜种植作物历史格局的遥感表征方法，缺乏种植历史空间分布数据。因此，长期大尺度覆膜种植农田和覆膜种植作物类型遥感表征方法的研究极为重要。

针对长期覆膜种植导致的残膜污染监测难及残膜对作物产量和土壤性质的影响规律阐明不足的问题，需要构建相关技术方法，揭示其影响规律，进行覆膜种植适宜等级划分，获取其空间分布，为科学量化覆膜种植行为长期影响及合理调控农业土地利用行为提供全局数据和技术支持。

参 考 文 献

阿布都沙拉木·热合曼，2015. 阿克苏地区农田残留地膜污染现状及治理措施 [J]. 新疆农业科技 (3)：47-48.

安健，2014. 基于极化合成孔径雷达图像分类算法研究 [D]. 成都：电子科技大学.

白丽婷，海江波，韩清芳，等，2010. 不同地膜覆盖对渭北旱塬冬小麦生长及水分利用效率的影响 [J]. 干旱地区农业研究 (4)：135-139.

柏延臣，王劲峰，2004. 基于特征统计可分性的遥感数据专题分类尺度效应分析 [J]. 遥感技术与应用 (6)：443-449.

蔡金洲，张富林，黄敏，等，2013. 湖北省典型区域地膜使用与残留现状分析 [J]. 湖北农业科学 (11)：2500-2504.

曹连海，吴普特，赵西宁，2014. 内蒙古河套灌区粮食生产灰水足迹评价 [J]. 农业工程学报，30 (1)：63-72.

陈继伟，左洪超，2014. 干旱区覆膜种植农田下垫面反照率的观测研究 [J]. 干旱区研究 (3)：397-403.

陈杰，陈铁桥，梅小明，等，2014. 基于最优尺度选择的高分辨率遥感影像丘陵农田提取 [J]. 农业工程学报，30 (5)：99-107.

陈杰，邓敏，肖鹏峰，等，2011a. 纹理频谱分析的高分辨率遥感影像最佳尺度选择 [J]. 遥感学报 (3)：492-511.

陈杰，邓敏，肖鹏峰，2011b. 利用小波变换的高分辨率多光谱遥感图像多尺度分水岭分割 [J]. 遥感学报，15 (5)：908-926.

陈明周，黄瑶珠，杨友军，等，2008. 花生除草地膜对田间杂草防除及花生产量的影响研究 [J]. 广东农业科学 (6)：35-38.

陈仲新，任建强，唐华俊，等，2016. 农业遥感研究应用进展与展望 [J]. 遥感学报 (5)：748-767.

程千，王崇倡，张继超，2015. RADARSAT-2 全极化 SAR 数据地表覆盖分类 [J]. 测绘工程 (4)：61-65.

邓少平，2013. 高分辨率极化 SAR 影像典型线状目标半自动提取 [D]. 武汉：武汉大学.

董合干，刘彤，李勇冠，等，2013a. 新疆棉田地膜残留对棉花产量及土壤理化性质的影响 [J]. 农业工程学报 (8)：91-99.

董合干，王栋，王迎涛，等，2013b. 新疆石河子地区棉田地膜残留的时空分布特征 [J]. 干旱区资源与环境 (9)：182-186.

杜培军，夏俊士，薛朝辉，等，2016. 高光谱遥感影像分类研究进展 [J]. 遥感学报 (2)：236-256.

杜新民，吴忠红，张永清，2007. 不同种植年限日光温室土壤盐分和养分变化研究 [J]. 水土保持学报，21 (2)：78-80.

杜泳，张霄宇，黄大松，等，2015. 以水体为观测目标的 Worldview-2 融合方法评价 [J]. 浙江大学学报（工学版）(5)：993-1000.

冯桂香，明冬萍，2015. 分形定量选择遥感影像最佳空间分辨率的方法与实验 [J]. 地球信息科学学报（4）：478-485.

冯筠，郑军卫，2005. 基于文献计量学的国际遥感学科发展态势分析 [J]. 遥感技术与应用（5）：70-74.

冯权泷，牛博文，朱德海，等，2022. 基于多核主动学习和多源数据融合的农田塑料覆被分类 [J]. 农业机械学报，53（2）：177-185.

付恒阳，朱拥军，王雅琴，2013. 干旱区大田膜下滴灌对土壤盐分的影响 [J]. 灌溉排水学报（2）：19-22.

高懋芳，邱建军，刘三超，2014. 基于文献计量的农业面源污染研究发展态势分析 [J]. 中国农业科学（6）：1140-1150.

高梦婕，姜群鸥，赵一阳，2018. 基于 GF-2 遥感影像的塑料大棚提取方法对比 [J]. 中国农业大学学报，23（8）：125-134.

郭会敏，洪志富，李营，等，2015. 基于高分一号卫星影像的多种融合方法比较 [J]. 地理与地理信息科学，31（1）：23-26.

郭立萍，唐家奎，米素娟，等，2010. 基于支持向量机遥感图像融合分类方法研究进展 [J]. 安徽农业科学（17）：9235-9238.

郭永杰，米文宝，赵莹，2015. 宁夏县域绿色发展水平空间分异及影响因素 [J]. 经济地理（3）：45-51.

韩冰，赵银娣，戈乐乐，2013. 遥感图像分割的迭代上下文融合小波域 HMT 模型 [J]. 测绘学报，42（2）：233-238.

韩鹏，龚健雅，李志林，2008. 基于信息熵的遥感分类最优空间尺度选择方法 [J]. 武汉大学学报（信息科学版）（7）：676-679.

郝泷，陈永富，刘华，等，2017. 基于纹理信息 CART 决策树的林芝县森林植被面向对象分类 [J]. 遥感技术与应用，32（2）：386-394.

何为媛，李玫，李真熠，等，2013. 重庆市地膜残留系数研究 [J]. 农业环境与发展（3）：76-78.

贺广均，2015. 联合 SAR 与光学遥感数据的山区积雪识别研究 [D]. 南京：南京大学.

胡志桥，包兴国，张久东，等，2014. 不同覆膜方式对河西灌区小麦产量和土壤生态环境的影响 [J]. 灌溉排水学报（2）：110-113.

黄顶成，田长彦，张润志，2010. 地膜覆盖对棉铃虫羽化的影响初探 [J]. 干旱区研究（5）：801-805.

黄志坚，2014. 面向对象影像分析中的多尺度方法研究 [D]. 长沙：国防科学技术大学.

贾坤，李强子，田亦陈，等，2011. 遥感影像分类方法研究进展 [J]. 光谱学与光谱分析（10）：2618-2623.

蒋捷峰，2011. 基于 BP 神经网络的高分辨率遥感影像分类研究 [D]. 北京：首都师范大学.

金琳，李玉娥，高清竹，2008. 中国农田管理土壤碳汇估算 [J]. 中国农业科学（3）：734-743.

康平德，胡强，鲁耀，等，2013. 云南丽江典型玉米种植区地膜残留研究 [J]. 湖南农业科学（3）：56-58.

雷震，2012. 随机森林及其在遥感影像处理中应用研究 [D]. 上海：上海交通大学.

李浩，2021. 我国设施农业发展现状、障碍及对策研究 [J]. 南方农机，52（23）：34-37.

李萌，2015. 基于支持向量机的高分遥感影像分类技术研究与应用 [D]. 北京：中国地质大学.

李奇峰，2015. 结合多特征描述和 SVM 的遥感影像分类研究 [D]. 郑州：郑州大学.

李庭波，陈平留，郑蓉，2007. 国内期刊生态学文献计量特征 [J]. 生态科学（4）：381-386.

李晓，陈春燕，郑家奎，2009. 基于文献计量学的超级稻研究动态 [J]. 中国农业科学 (12)：4197 - 4208.

李仙岳，郭宇，丁宗江，等，2018. 不同地膜覆盖对不同时间尺度地温与玉米产量的影响 [J]. 农业机械学报，49 (9)：247 - 256.

李云霞，2008. 基于 CNKI 数据库的农业面源污染文献定量研究 [C] //中国土壤学会. 中国土壤学会第十一届全国会员代表大会暨第七届海峡两岸土壤肥料学术交流研讨会论文集 (下)：237 - 241.

廖娟，2016. 基于全极化 SAR 数据的喀斯特地区石漠化遥感监测技术研究 [D]. 贵阳：贵州师范大学.

刘纪远，邵全琴，延晓冬，等，2014. 土地利用变化影响气候变化的生物地球物理机制 [J]. 自然杂志，36 (5)：356 - 363.

刘金军，王环，2009. 农用地膜的污染及其治理对策研究 [J]. 山东工商学院学报 (6)：9 - 13.

刘锟，付晶莹，李飞，2015. 高分一号卫星 4 种融合方法评价 [J]. 遥感技术与应用 (5)：980 - 986.

刘培，杜培军，谭琨，2014. 一种基于集成学习和特征融合的遥感影像分类新方法 [J]. 红外与毫米波学报 (3)：311 - 317.

刘朋，2012. SAR 海面溢油检测与识别方法研究 [D]. 青岛：中国海洋大学.

刘琦，2004. GIS 辅助遥感影像分类面积提取技术和方法研究 [D]. 大连：大连理工大学.

刘香伟，2009. 基于改进型 BP 神经网络的遥感影像分类研究 [D]. 西安：长安大学.

刘颖，2013. 基于半监督集成支持向量机的土地覆盖遥感分类方法研究 [D]. 长春：中国科学院东北地理与农业生态研究所.

龙攀，黄璜，2010. 作物覆膜温室效应研究进展 [J]. 作物研究，24 (1)：52 - 55.

路海东，薛吉全，郝引川，等，2016. 黑色地膜覆盖对旱地玉米土壤环境和植株生长的影响 [J]. 生态学报 (7)：1 - 8.

骆飞，徐海斌，左志宇，2020. 我国设施农业发展现状，存在不足及对策 [J]. 江苏农业科学，48 (10)：57 - 62.

吕江南，王朝云，易永健，2007. 农用薄膜应用现状及可降解农膜研究进展 [J]. 中国麻业科学，29 (3)：150 - 157.

马辉，梅旭荣，严昌荣，等，2008. 华北典型农区棉田土壤中地膜残留特点研究 [J]. 农业环境科学学报 (2)：570 - 573.

马彦，杨虎德，2015. 甘肃省农田地膜污染及防控措施调查 [J]. 生态与农村环境学报 (4)：478 - 483.

马兆嵘，刘有胜，张芊芊，2020. 农用塑料薄膜使用现状与环境污染分析 [J]. 生态毒理学报 (4)：21 - 32.

闵炬，陆扣萍，陆玉芳，2012. 太湖地区大棚菜地土壤养分与地下水水质调查 [J]. 土壤，44 (2)：213 - 217.

明冬萍，王群，杨建宇，2008. 遥感影像空间尺度特性与最佳空间分辨率选择 [J]. 遥感学报 (4)：529 - 537.

牟燕，王联国，王克鹏，等，2014. 甘肃省典型旱作区残留地膜时空分布特点研究 [J]. 甘肃农业科技 (7)：13 - 15.

宁纪锋，倪静，何宜家，等，2021. 基于卷积注意力的无人机多光谱遥感影像地膜农田识别 [J]. 农业机械学报，52 (9)：213 - 220.

裴静静，2012. 基于 Freeman 分解的极化 SAR 图像分类研究 [D]. 西安：西安电子科技大学.

邱建坤，2015. 基于孪生支持向量机的特征选择与多类分类算法研究 [D]. 秦皇岛：燕山大学.

尚斌，2014. 河北省冀州市环境的质量检测与质量分析 [D]. 杨凌：西北农林科技大学.

盛春蕾，吕宪国，尹晓敏，2012. 基于 web of science 的 1899—2010 年湿地研究文献计量分析 [J]. 湿地科学（1）：92 - 101.

宋永永，米文宝，卜晓燕，2015. 基于虚拟水战略的宁夏农业生产空间布局优化研究 [J]. 农业现代化研究（1）：92 - 98.

孙学保，杨祁峰，牛俊义，等，2009. 旱地全膜双垄沟播玉米增产效应研究 [J]. 作物杂志（3）：32 - 36.

孙钰，韩京冶，陈志泊，2018. 基于深度学习的大棚及地膜农田无人机航拍监测方法 [J]. 农业机械学报，49（2）：133 - 140.

谭莹，2008. 翁源县基于纹理信息及 CART 决策树技术的遥感影像分类研究 [D]. 南京：南京林业大学.

汤紫霞，李蒙蒙，汪小钦，2020. 基于 GF - 2 遥感影像的葡萄大棚信息提取 [J]. 中国农业科技导报，22（11）：95.

田琼花，2007. 遥感影像纹理特征提取及其在影像分类中的应用 [D]. 武汉：华中科技大学.

田亚平，常昊，2012. 中国生态脆弱性研究进展的文献计量分析 [J]. 地理学报（11）：1515 - 1525.

王崇倡，武文波，张建平，2009. 基于 BP 神经网络的遥感影像分类方法 [J]. 辽宁工程技术大学学报（自然科学版）（1）：32 - 35.

王海慧，2007. 农膜的偏振反射特征研究 [D]. 长春：东北师范大学.

王罕博，龚道枝，梅旭荣，等，2012. 覆膜和露地旱作春玉米生长与蒸散动态比较 [J]. 农业工程学报（22）：88 - 94.

王慧贤，靳惠佳，王娇龙，等，2015. K 均值聚类引导的遥感影像多尺度分割优化方法 [J]. 测绘学报，44（5）：526 - 532.

王晶，2013. 基于多元特征的光学遥感影像海面油膜信息提取 [D]. 北京：中国地质大学.

王丽萍，刘廷玺，丁艳宏，2016. 河套灌区近 50 年气候变化特征及趋势分析 [J]. 北京师范大学学报（自然科学版），52（3）：402 - 407.

王平，周忠发，廖娟，2016. 基于 Freeman 分解的喀斯特高原山区烟田土壤水分反演研究 [J]. 地理与地理信息科学（2）：72 - 76.

王琪，马树庆，郭建平，等，2006. 地膜覆盖下玉米田土壤水热生态效应试验研究 [J]. 中国农业气象（3）：249 - 251.

王荣，王昭生，刘晓曼，2016. 多尺度多准则的遥感影像线状地物信息提取 [J]. 测绘科学，41（11）：146 - 150.

王文光，2007. 极化 SAR 信息处理技术研究 [D]. 北京：北京航空航天大学.

王序俭，曹肆林，王敏，等，2013. 农田地膜残留现状、危害及防治措施研究 [C] //中国环境科学学会. 2013 中国环境科学学会学术年会论文集（第五卷）.

王雪梅，张志强，熊永兰，2007. 国际生态足迹研究态势的文献计量分析 [J]. 地球科学进展（8）：872 - 878.

王雅琴，刘洪光，朱拥军，2010. 重盐碱地膜下滴灌土壤盐分运移规律研究 [J]. 灌溉排水学报（3）：58 - 60.

王燕鑫，李瑞平，李夏子，2020. 融合 Kriging 算法的河套灌区 ET 估算方法评价 [J]. 生态科学，39（2）：8.

王志超，李仙岳，史海滨，等，2015. 农膜残留对土壤水动力参数及土壤结构的影响 [J]. 农业机械学报（5）：101 - 106.

尉海东，伦志磊，郭峰，2008. 残留农膜对土壤性状的影响 [J]. 生态环境 (5)：1853 - 1856.

魏海苹，孙文娟，黄耀，2012. 中国稻田甲烷排放及其影响因素的统计分析 [J]. 中国农业科学 (17)：3531 - 3540.

魏一鸣，米志付，张皓，2013. 气候政策建模研究综述：基于文献计量分析 [J]. 地球科学进展 (8)：930 - 938.

邬亚文，夏小东，职桂叶，2011. 基于文献的国内外水稻研究发展态势分析 [J]. 中国农业科学 (20)：4129 - 4141.

吴国政，2009. 文献计量指标在国家杰出青年科学基金评审中的应用研究 [J]. 电子科技大学学报 (社科版) (6)：99 - 104.

吴婉澜，皮亦鸣，2010. 结合 Freeman 分解与子孔径散射特性的极化 SAR 图像分类 [J]. 测绘科学，35 (5)：62 - 64.

夏俊士，杜培军，逄云峰，等，2011a. 基于高光谱数据的城市不透水层提取与分析 [J]. 中国矿业大学学报 (4)：660 - 666.

夏俊士，杜培军，张伟，2011b. 遥感影像多分类器集成的关键技术与系统实现 [J]. 科技导报 (21)：22 - 26.

夏自强，蒋洪庚，李琼芳，等，1997. 地膜覆盖对土壤温度、水分的影响及节水效益 [J]. 河海大学学报 (2)：41 - 47.

肖仙桃，孙成权，2005. 国际及中国地球科学发展态势文献计量分析 [J]. 地球科学进展 (4)：467 - 476.

辛静静，史海滨，李仙岳，等，2014. 残留地膜对玉米生长发育和产量影响研究 [J]. 灌溉排水学报 (3)：52 - 54.

邢晨，2016. 基于深度学习的高光谱遥感图像分类 [D]. 北京：中国地质大学.

严昌荣，何文清，刘恩科，等，2015. 作物地膜覆盖安全期概念和估算方法探讨 [J]. 农业工程学报 (9)：1 - 4.

严昌荣，刘恩科，舒帆，等，2014. 我国地膜覆盖和残留污染特点与防控技术 [J]. 农业资源与环境学报 (2)：95 - 102.

严昌荣，梅旭荣，何文清，等，2006. 农用地膜残留污染的现状与防治 [J]. 农业工程学报 (11)：269 - 272.

姚明煌，2014. 随机森林及其在遥感图像分类中的应用 [D]. 泉州：华侨大学.

易俐娜，2011. 面向对象遥感影像分类不确定性分析 [D]. 武汉：武汉大学.

游彪，2014. 极化 SAR 目标散射特性分析与应用 [D]. 北京：清华大学.

袁海燕，张晓煜，徐华军，等，2011. 气候变化背景下中国农业气候资源变化 Ⅴ. 宁夏农业气候资源变化特征 [J]. 应用生态学报 (5)：1247 - 1254.

张斌，王真，金书秦，2019. 中国农膜污染治理现状及展望 [J]. 世界环境 (6)：22 - 25.

张翠芬，2014. 多源遥感数据协同岩性分类方法研究 [D]. 北京：中国地质大学.

张东兴，1998. 农用残膜的回收问题 [J]. 中国农业大学学报 (6)：103 - 106.

张辉，2013. 基于 BP 神经网络的遥感影像分类研究 [D]. 济南：山东师范大学.

张若琳，万力，张发旺，等，2006. 土地利用遥感分类方法研究进展 [J]. 南水北调与水利科技 (2)：39 - 42.

张树良，安培浚，2012. 国际地震研究发展态势文献计量分析 [J]. 地球学报 (3)：371 - 378.

张晓贺，2013. 决策树分类器的实现及在遥感影像分类中的应用 [D]. 兰州：兰州交通大学.

张志强，王雪梅，2007. 国际全球变化研究发展态势文献计量评价 [J]. 地球科学进展 （7）：760 - 765.

赵静，2010. 基于 BP 人工神经网络的遥感影像土地覆盖分类研究 [D]. 北京：中国地质大学.

郑辉，2014. 局部方差与变异函数方法对比的遥感影像空间格局探测机制研究 [D]. 长春：中国科学院东北地理与农业生态研究所.

周盛茂，2013. 地膜覆盖方式对土壤物理和生物性状与作物生长的影响 [D]. 保定：河北农业大学.

左亚青，2016. 基于主动深度学习的遥感图像分类 [D]. 秦皇岛：燕山大学.

左余宝，逢焕成，李玉义，等，2010. 鲁北地区地膜覆盖对棉花需水量、作物系数及水分利用效率的影响 [J]. 中国农业气象 （1）：37 - 40.

Ackers S H，Davis R J，Olsen K A，et al. ，2015. The evolution of mapping habitat for northern spotted owls (Strix occidentalis caurina)：A comparison of photo - interpreted，landsat - based，and lidar - based habitat maps [J]. Remote Sensing of Environment (156)：361 - 373.

Agüera F，Aguilar M A，Aguilar F J，2006. Detecting greenhouse changes from quickbird imagery on the mediterranean coast [J]. International Journal of Remote Sensing，27 (21)：4751 - 4767.

Agüera F，Aguilar F J，Aguilar M A，2008. Using texture analysis to improve per - pixel classification of very high resolution images for mapping plastic greenhouses [J]. ISPRS Journal of Photogrammetry and Remote Sensing，63 (6)：635 - 646.

Agüera F，Liu J G，2009. Automatic greenhouse delineation from quickbird and ikonos satellite images [J]. Computers and Electronics in Agriculture，66 (2)：191 - 200.

Aguilar M A，Nemmaoui A，Novelli A，2016. Object - based greenhouse mapping using very high resolution satellite data and landsat 8 time series [J]. Remote Sensing，8 (6)：513.

Aguilar M A，Vallario A，Aguilar F J，2015. Object - based greenhouse horticultural crop identification from multi - temporal satellite imagery：A case study in almeria，spain [J]. Remote Sensing，7 (6)：7378 - 7401.

Aguilar M，Bianconi F，Aguilar J，et al. ，2014. Object - based greenhouse classification from GeoEye - 1 and WorldView - 2 stereo imagery [J]. Remote Sensing，6 (5)：3554 - 3582.

Aguilar M A，Vallario A，Aguilar J，et al. ，2015，Object - based greenhouse horticultural crop identification from multi - temporal satellite imagery：A case study in almeria，Spain [J]. Remote Sensing，7 (6)：7378 - 7401.

Akar O，Gungor O，2015. Integrating multiple texture methods and NDVI to the random forest classification algorithm to detect tea and hazelnut plantation areas in northeast turkey [J]. International Journal of Remote Sensing，36 (2)：442 - 464.

Alan C E W，1988. The use of variograms in remote sensing：II. real digital images [J]. Remote Sensing of Environment，3 (25)：349 - 379.

Alonzo M，Bookhagen B，Roberts D A，2014. Urban tree species mapping using hyperspectral and lidar data fusion [J]. Remote Sensing of Environment (148)：70 - 83.

Angel Castillo - Santiago M，Ricker M，de Jong B H J，2010. Estimation of tropical forest structure from spot - 5 satellite images [J]. International Journal of Remote Sensing，31 (10)：2767 - 2782.

Arcidiacono C，Porto S M C，2010. Classification of crop - shelter coverage by RGB aerial images：A compendium of experiences and findings [J]. Journal of agricultural engineering，41 (3)：1 - 11.

Atkinson P M，1997. Selecting the spatial resolution of airborne MSS imagery for small - scale agricultural mapping [J]. International Journal of Remote Sensing，18 (9)：1903 - 1917.

Bai J，Wang J，Chen X，et al.，2015. Seasonal and inter‐annual variations in carbon fluxes and evapotranspiration over cotton field under drip irrigation with plastic mulch in an arid region of northwest china [J]. Journal of Arid Land，7（2）：272‐284.

Barrett B，Nitze I，Green S，et al.，2014. Assessment of multi‐temporal，multi‐sensor radar and ancillary spatial data for grasslands monitoring in ireland using machine learning approaches [J]. Remote Sensing of Environment，152：109‐124.

Basaeed E，Bhaskar H，Al‐Mualla M，2016. Supervised remote sensing image segmentation using boosted convolutional neural networks [J]. Knowledge‐Based Systems（a），99：19‐27.

Basaeed E，Bhaskar H，Hill P，2016. A supervised hierarchical segmentation of remote‐sensing images using a committee of multi‐scale convolutional neural networks [J]. International Journal of Remote Sensing，（b），37：1671‐1691.

Bazi Y，Melgani F，2006. Toward an optimal SVM classification system for hyperspectral remote sensing images [J]. IEEE Transactions on Geoscience and Remote Sensing，44（112）：3374‐3385.

Berberoglu S，Curran P J，Lloyd C D，et al.，2007. Texture classification of mediterranean land cover [J]. International Journal of Applied Earth Observation and Geoinformation，9（3）：322‐334.

Berger S，Kim Y，Kettering J，et al，2013. Plastic mulching in agriculture‐friend or foe of N_2O emissions [J]. Agriculture Ecosystems & Environment，167：43‐51.

Bigdeli B，Samadzadegan F，Reinartz P，2013. A multiple SVM system for classification of hyperspectral remote sensing data [J]. Journal of the Indian Society of Remote Sensing，41（4）：763‐776.

Blaschk T，Hay G J，Kelly M，et al.，2014. Geographic object‐based image analysis towards a new paradigm [J]. ISPRS Journal of Photogrammetry and Remote Sensing，87：180‐191.

Blaschke T，Hay G J，Kelly M，2014. Geographic object‐based image analysis：Towards a new paradigm [J]. ISPRS Journal of Photogrammetry & Remote Sensing，87：180‐191.

Blaschke T，2010. Object based image analysis for remote sensing [J]. ISPRS Journal of Photogrammetry and Remote Sensing，65（1）：2‐16.

Blaschke T，Hay G J，Kelly M，et al.，2014. Geographic object‐based image analysis towards a new paradigm [J]. ISPRS Journal of Photogrammetry and Remote Sensing，87：180‐191.

Boschetti L，Roy D P，Justice C O，et al.，2015. MODIS‐landsat fusion for large area 30m burned area mapping [J]. Remote Sensing of Environment，161：27‐42.

Brown J C，Kastens J H，Coutinho A C，et al.，2013. Classifying multiyear agricultural land use data from mato grosso using time‐series MODIS vegetation index data [J]. Remote Sensing of Environment，130：39‐50.

Cable J，Kovacs J，Shang J，et al.，2014. Multi‐Temporal polarimetric radarsat‐2 for Land cover monitoring in northeastern Ontario，Canada [J]. Remote Sensing，6（3）：2372‐2392.

Carvajal E，Crisanto F J，Aguilar F，et al.，2006. Greenhouses detection using an artificial neural network with a very high‐resolution satellite image [C]. Proc. ISPRS Technical Commission II Symposium，Vienna：37‐42.

Carvajal F，Agüera F，Aguilar F J，2010. Relationship between atmospheric corrections and training‐site strategy with respect to accuracy of greenhouse detection process from very high‐resolution imagery [J]. International Journal of Remote Sensing，31（11）：2977‐2994.

Cervone G，and B Haack，2012. Supervised machine learning of fused radar and optical data for land cover classification [J]. Journal of Applied Remote Sensing, 6 (1): 063597 – 063597.

Chao Rodriguez Y, El – Anjoumi A, Dominguez Gomez J A, et al., 2014. Using landsat image time series to study a small water body in northern spain [J]. Environmental Monitoring and Assessment, 186 (6): 3511 – 3522.

Chen C H, Ho P P, 2008. Statistical pattern recognition in remote sensing [J]. Pattern Recognition, 41 (9): 2731 – 2741.

Chen L, Yang X, Zhai D, et al., 2015. Effects of mulching with Caragana powder and plastic film on soil water and maize yield [J]. Transactions of the Chinese Society of Agricultural Engineering 31 (2): 108 – 116.

Coops N C D, 2000. Utilizing local variance of simulated high spatial resolution imagery to predict spatial pattern of forest stands [J]. Remote Sensing of Environment, 71 (3): 248 – 260.

Cortés G, Girotto M, Margulis S A, 2014. Analysis of sub – pixel snow and ice extent over the extratropical Andes using spectral unmixing of historical Landsat imagery [J]. Remote Sensing of Environment, 141: 64 – 78.

De Castro A I, Ehsani R, Ploetz R, et al., 2015. Optimum spectral and geometric parameters for early detection of laurel wilt disease in avocado [J]. Remote Sensing of Environment, 171: 33 – 44.

De Santiago F, F J M Kovacs, P Lafrance, 2013. An object – oriented classification method for mapping mangroves in guinea, west Africa, using multipolarized ALOS PALSAR l – band data [J]. International al Journal of Remote Sensing, 34: 563 – 586.

Deng C, Wu C, 2013. The use of single – date MODIS imagery for estimating large – scale urban impervious surface fraction with spectral mixture analysis and machine learning techniques [J]. ISPRS Journal of Photogrammetry and Remote Sensing, 86: 100 – 110.

Diaz – Hernandez J L, Salmeron T, 2012. Effects of a plastic cover on soil moisture change in a Mediterranean climatic regime [J]. Soil Use and Management, 28 (4): 596 – 605.

Diaz – Perez J C, 2010. Bell Pepper (Capsicum annum L.) Grown on plastic film mulches: Effects on crop microenvironment, physiological attributes, and fruit yield [J]. Hortscience, 45 (8): 1196 – 1204.

Dragozi E, Gitas I Z, Stavrakoudis D G, et al., 2014. Burned area mapping using support vector machines and the fuzcoc feature selection method on vhr ikonos imagery [J]. Remote sensing, 6 (12): 12005 – 12036.

Drăguţ, L Csillik, O. Eisank, C Tiede D, 2014. Automated parameterisation for multi – scale image segmentation on multiple layers [J]. ISPRS Journal of Photogrammetry and Remote Sensing, 88, 119 – 127.

Du P J, Xia J S, Zhang W, et al., 2012. Multiple classifier system for remote sensing image classification: A review [J]. Sensors, 12 (4): 4764 – 4792.

Duro D C, Franklin S E, Dube M G, 2012. A comparison of pixel – based and object – based image analysis with selected machine learning algorithms for the classification of agricultural landscapes using SPOT – 5 HRG imagery [J]. Remote Sensing of Environment, 118: 259 – 272.

Estes L D, Reillo P R, Mwangi A G, et al., 2010. Remote sensing of structural complexity indices for habitat and species distribution modeling [J]. Remote Sensing of Environmen, 114 (4): 792 – 804.

Fan H, 2013. Land – cover mapping in the Nujiang Grand Canyon: Integrating spectral, textural, and topographic data in a random forest classifier [J]. International Journal of Remote Sensing, 34 (21):

7545 -7567.

Gao F, De Colstoun E B, Ma R, et al., 2012. Mapping impervious surface expansion using medium - resolution satellite image time series: A case study in the Yangtze River Delta, China [J]. International Journal of Remote Sensing, 33 (24): 7609 - 7628.

Gao J, 2006. Quantification of grassland properties: How it can benefit from geoinformatic technologies? [J]. International Journal of Remote Sensing, 27 (7): 1351 - 1365.

Gao T, Zhu J, Zheng X, et al., 2015. Mapping spatial distribution of larch plantations from multi - seasonal Landsat - 8 OLI imagery and multi - scale textures using random forests [J]. Remote Sensing, 7 (2): 1702 - 1720.

Gao Y, Xie Y, Jiang H, et al., 2014. Soil water status and root distribution across the rooting zone in maize with plastic film mulching [J]. Field Crops Research, 156: 40 - 47.

Gerald Keller, 2011. Managerial statistics [M]. 9th ed. Arizona: South Western Educational Publishing.

Germaine K A, Hung M, 2011. Delineation of impervious surface from multispectral imagery and lidar incorporating knowledge based expert system rules [J]. Photogrammetric Engineering and Remote Sensing, 77 (1): 75 - 85.

Gevrek M N, Beser N, Dittert K, et al., 2009. Effects of plastic film mulching cultivation system on some agronomic characters of rice in relation with the increase of paddy acreage [J]. Turkish Journal of Field Crops, 14 (1): 15 - 29.

Ghosh AJoshi P K, 2014. A comparison of selected classification algorithms for mapping bamboo patches in lower Gangetic plains using very high resolution WorldView - 2 imagery [J]. International Journal of Applied Earth Observation and Geoinformation, 26: 298 - 311.

Gislason P O, Benediktsson J A, Sveinsson J R, 2006. Random Forests for land cover classification [J]. Pattern Recognition letter, 27 (4): 294 - 300.

Gong D, Hao W, Mei X, et al., 2015. Warmer and wetter soil stimulates assimilation more than respiration in rainfed agricultural ecosystem on the China Loess Plateau: The role of partial plastic film mulching tillage [J]. Plos One, 10 (e0136578).

Gu H, Li H, Yan L, 2017. An object - based semantic classification method for high resolution remote sensing imagery using ontology [J]. Remote Sensing, 9: 329 - 350.

Gu H, Li H, Yan L, et al., 2017. An object - based semantic classification method for high resolution remote sensing imagery using ontology [J]. Remote Sensing, 9 (4): 329.

Guan H, Li J, Chapman M, et al., 2013. Integration of orthoimagery and lidar data for object - based urban thematic mapping using random forests [J]. International Journal of Remote Sensing, 34 (14): 5166 - 5186.

Guindon B, Zhang Y, Dillabaugh C, 2004. Landsat urban mapping based on a combined spectral - spatial methodology [J]. Remote Sensing of Environment, 92 (2): 218 - 232.

Guo H, Yang H, Sun Z, et al., 2014. Synergistic use of optical and PolSAR imagery for urban impervious surface estimation [J]. Photogrammetric Engineering and Remote Sensing, 80 (1): 91 - 102.

Guo Z, Feng L, Chen F, 2012. Output value of potato in whole plastic film mulching on double ridges and planting in catchment furrows [J]. Chinese Potato Journal, 26 (3): 162 - 166.

Hajnsek I, Jagdhuber T, Schcoen H, et al., 2009. Potential of estimating soil moisture under vegetation cover by means of PolSAR [J]. IEEE Trans. Geosci. Remote Sensing, 47: 442 - 454.

Haider S, Rahman R, Ghosh S, et al., 2015. A copula based approach for design of multivariate random forests for drug sensitivity prediction [J]. Plos One, 10 (e 014449012).

Harender R, 2014. Comparative efficacy of biodegradable plastic and low density polyethylene mulch on viability of soilborne plant pathogens of strawberry [J]. Indian Phytopathology, 67 (4): 402 – 406.

Hasituya, Chen Z X, Wang L M, et al., 2016. Monitoring plastic – mulched farmland by Landsat – 8 OLI imagery using spectral and textural features [J]. Remote Sensing, 8 (4): 353.

He H, Ma F, Yang R, et al., 2013. Rice performance and water use efficiency under plastic mulching with drip irrigation [J]. Plos one, 8 (e8310312).

Heine I, bJagdhuber T, Itzerott S, 2016. Classification and monitoring of reed belts using Dual – Polarimetric TerraSAR – X time series [J]. Remote Sensing, 8 (7): 552.

Heinzel J, Koch B, 2012. Investigating multiple data sources for tree species classification in temperate forest and use for single tree delineation [J]. International Journal of Applied Earth Observation and Geoinformation, 18: 101 – 110.

Hou F, Zhang L, Xie B, et al., 2015. Effect of plastic mulching on the photosynthetic capacity, endogenous hormones and root yield of summer – sown sweet potato [*Ipomoea batatas* (L). Lam.] in Northern China [J]. Acta Physiologiae Plantarum,: 37: 1 – 10.

Huang Y, Liu Q, Jia W, et al., 2020. Agricultural plastic mulching as a source of microplastics in the terrestrial environment [J]. Environmental Pollution, 260: 114096.

Huang Z, Zhang J, Li X, 2014. Remote sensing image segmentation based on dynamic statistical region merging [J]. Optik – International, 125 (2): 870 – 875.

Hulley G, Veraverbeke S, Hook S, 2014. Thermal – based techniques for land cover change detection using a new dynamic MODIS multispectral emissivity product (MOD21) [J]. Remote Sensing of Environment, 140: 755 – 765.

Insom P, Cao C, Boonsrimuang P, et al., 2015. A support vector machine – Based Particle filter method for improved flooding classification [J]. IEEE Geosci. Remote Sensing letters, 12: 1943 – 1947.

Ivonin D V, Skrunes S, Brekke C, et al., 2016. Interpreting sea surface slicks on the basis of the normalized radar cross – section model using radarsat – 2 copolarization dual – channel SAR images [J]. Geophys. Research Letters, 43: 2748 – 2757.

Jiang Z, Qi J, Su S, et al., 2012. Water body delineation using index composition and HIS transformation [J]. International Journal of Remote Sensing, 33 (11): 3402 – 3421.

Jiao X, Kovacs J M, Shang J, et al., 2014. Object – oriented crop mapping and monitoring using multi – temporal polarimetric radarsat – 2 data [J]. ISPRS Journal of Photogrammetry and Remote Sensing, 96: 38 – 46.

Johnson B A, 2013. High – resolution urban land – cover classification using a competitive multi – scale object – based approach [J]. Remote Sensing Letters, 4: 131 – 140.

Felzenszwalb P F, Huttenlocher D P, 2004. Efficient graph – based image segmentation [J]. International Journal of Computer Vision, 59: 167 – 181.

Woodcock C E, Strahler A H, Jupp D L B, 1988. The use of variograms in remote sensing: I. scene models and simulated images [J]. Remote Sensing of Environment, 3 (25): 323 – 348.

Kayitakire F, Hamel C, Defourny P, 2006. Retrieving forest structure variables based on image texture analysis and ikonos – 2 imagery [J]. Remote Sensing of Environment, 102 (3 – 4): 390 – 401.

Kim Y，Berger S，Kettering J，et al.，2014. Simulation of N_2O emissions and nitrate leaching from plastic mulch radish cultivation with Landscape DNDC [J]. Ecological Research，29（3）：441 – 454.

Kitis Y E，Unlu H，Karatas A，et al.，2008. Investigation of the effects of different colored plastic mulch applications on weed control in tomato cultivation [J]. Turkiye Herboloji Dergisi，12（1）：33 – 39.

Knight J，Voth M，2011. Mapping impervious cover using multi – temporal MODIS NDVI data [J]. IEEE Journal of Selected Topics in Applied Earth Observations and Remote Sensing，4（2）：303 – 309.

Ko B C，Kim H H，Nam J Y，2015. Classification of potential water bodies using Landsat 8 OLI and a combination of two boosted random forest classifiers [J]. Sensors，15（6）：13763 – 13777.

Koc – San D，2013. Evaluation of different classification techniques for the detection of glass and plastic greenhouses from WorldView – 2 satellite imagery [J]. Journal of Applied Remote Sensing，7（1）：073553.

Koppe W，Gnyp M，LHuett C，et al.，2013. Rice monitoring with multi – temporal and dual – polarimetric TerraSAR – X data [J]. International Journal of Applied Earth Observation and Geoinformation，21：568 – 576.

Kostadinov T S，Lookingbill T R，2015. Snow cover variability in a forest ecotone of the Oregon Cascades via MODIS Terra products [J]. Remote Sensing of Environment，164：155 – 169.

Legleiter C J，Tedesco M，Smith L C，et al.，2014. Overstreet B. T. mapping the bathymetry of supraglacial lakes and streams on the greenland ice sheet using field measurements and high – resolution satellite images [J]. Cryosphere，8（1）：215 – 228.

Lehmann E A，Caccetta P，Lowell K，et al.，2015. SAR and optical remote sensing：assessment of complementarity and interoperability in the context of a large – scale operational forest monitoring system [J]. Remote Sensing of Environment，156：335 – 348.

Leinenkugel P，Wolters M L，Oppelt N，et al.，2015. Tree cover and forest cover dynamics in the Mekong Basin from 2001 to 2011 [J]. Remote Sensing of Environment，158：376 – 392.

Levin N，Lugass R，Ramon U，et al.，2007. Remote sensing as a tool for monitoring plasticulture in agricultural landscapes [J]. International Journal of Remote Sensing，28（1 – 2）：183 – 202.

Li G，Lu D，Moran E，et al.，2013. Mapping impervious surface area in the Brazilian Amazon using Landsat imagery [J]. Giscience & Remote Sensing，50（2）：172 – 183.

Li N，Bruzzone L，Chen Z，et al.，2014. A novel technique based on the combination of labeled co – occurrence matrix and variogram for the detection of built – up areas in high – resolution SAR images [J]. Remote Sensing，6（5）：3857 – 3878.

Li S，Wang Y，Fan T，et al.，2010. Effects of different plastic film mulching modes on soil moisture，temperature and yield of dryland maize [J]. Scientia Agricultura Sinica，43（5）：922 – 931.

Li W，Wu G，Zhang F，et al.，2017. Hyperspectral image classification using deep pixel – pair features [J]. IEEE Transactions on Geoscience and Remote Sensing，55（2）：844 – 853.

Li Z，Tian C，Zhang R，et al.，2015. Plastic mulching with drip irrigation increases soil carbon stocks of natrargid soils in arid areas of northwestern China [J]. Catena，133：179 – 185.

Li Z，Zhang R，Wang X，et al.，2014. Effects of plastic film mulching with drip irrigation on N_2O and CH_4 emissions from cotton fields in arid land [J]. Journal of Agricultural Science，152（4）：534 – 542.

Li Z，Zhang R，Wang X，et al.，2011. Carbon dioxide fluxes and concentrations in a cotton field in northwestern China：effects of plastic mulching and drip irrigation [J]. Pedosphere，21（2）：178 – 185.

Li G, D Lu, E Moran, et al. , 2012. A comparative analysis of ALOS PALSAR l－band and radarsat－2 c－band data for land－cover classification in a tropical moist region [J]. ISPRS Journal of Photogrammetry and Remote Sensing, 70: 26－38.

Liu E K, He W Q, Yan C R, 2014. White revolution' to 'white pollution' － agricultural plastic film mulch in China [J]. Environmental Research Letters, 9 (0910019).

Liu G, Yang Q, Li L, et al. , 2009. Effects of yield－increasing on techniques of whole plastic－film mulching on double ridges and planting in catchment furrows of dry－land maize [J]. Research of Agricultural Modernization, 30 (6): 739－743.

Liu M W, Ozdogan M, Zhu X, 2014. Crop type classification by simultaneous use of satellite images of different resolutions [J]. IEEE Transactions on Geoscience and Remote Sensing, 52 (6): 3637－3649.

Liu X, Bo Y, 2015. Object－based crop species classification sased on the combination of airborne hyperspectral images and LIDAR data [J]. Remote Sensing, 7 (1): 922－950.

Liu X, Li X G, Guo R, et al. , 2015. The effect of plastic mulch on the fate of urea－N in rain－fed maize production in a semiarid environment as assessed by N－15－labeling [J]. European Journal of Agronomy, 70: 71－77.

Liu C, Shang J, Vachon P W, et al. , 2013. Multiyear crop monitoring using polarimetric radarsat－2 data [J]. IEEE Transactions on Geoscience and Remote sensing, 51: 2227－2240.

Liu C, Yin J, Yang J, 2016. Coastline detection in polarimetric SAR images based on mixed edge detection [J]. Syst Eng Electron, 38: 1262－1267.

Lopez－Sanchez J M, Vicente－Guijalba F, Ballester－Berman J D, et al. , 2014. Polarimetric response of rice fields at c－Band: analysis and phenology retrieval [J]. IEEE Transactions on Geoscience and Remote Sensing, 52: 2977－2993.

Lottering R, Mutanga O, 2016. Optimising the spatial resolution of WorldView－2 pan－sharpened imagery for predicting levels of Gonipterus scutellatus defoliation in KwaZulu－Natal, south Africa [J]. ISPRS Journal of Photogrammetry and Remote Sensing, 112: 13－22.

Lourduraj C A, Padmini K, Rajendran R, et al. , 1997. Effect of plastic mulching on bhendi Abelmoschus esculentus (L.) Moench [J]. South Indian Horticulture, 45 (3/4): 128－133.

Lu D, Hetrick S, Moran E, 2010. Land cover classification in a complex urban－rural landscape with quickbird imagery [J]. Photogrammetric Engineering and Remote Sensing, 76 (10): 1159－1168.

Lu D, Li G, Moran E, et al. , 2011. Mapping impervious surfaces with the integrated use of Landsat Thematic Mapper and radar data: A case study in an urban－rural landscape in the Brazilian Amazon [J]. ISPRS Journal of Photogrammetry and Remote Sensing, 66 (6): 798－808.

Lu D, Weng Q, 2007. A survey of image classification methods and techniques for improving classification performance [J]. International Journal of Remote Sensing, 28 (5): 823－870.

Lu L, Di L, Ye Y, 2014. A decision－tree classifier for extracting transparent plastic－mulched landcover from Landsat－5 TM images [J]. IEEE Journal of Selected Topics in Applied Earth Observations and Remote Sensing, 7 (11): 4548－4558.

Lu L, Hang D, Di L, 2015. Threshold model for detecting transparent plastic－mulched landcover using moderate－resolution imaging spectroradiometer time series data: A case study in southern Xinjiang, China [J]. Journal of Applied Remote Sensing, 9 (097094).

Maass N, Kaleschke L, Tian－Kunze X, et al. , 2015. Snow thickness retrieval from l－band brightness temperatures: a model comparison [J]. Annals of Glaciology, 56 (691): 9 - 17.

Maher I S, Faten H N, Faez H B, et al. , 2016. A refined classification approach by integrating Landsat operational land image (OLI) and radarsat - 2 imagery for land - use and land - cover mapping in a tropical area [J]. International Journal of Remote Sensing, 37: 2358 - 2375.

Molina - Aiz F D, Valera D L, Álvarez A J, 2004. Measurement and simulation of climate inside Almería - type greenhouses using computational fluid dynamics [J]. Agricultural and Forest Meteorology, 125 (1 - 2): 33 - 51.

Montanaro M, Lunsford A, Tesfaye Z, et al. , 2014. Radiometric calibration methodology of the Landsat 8 thermalInfrared sensor [J]. Remote Sensing, 6 (9): 8803 - 8821.

Moran M S, Alonso L, Moreno J F, et al. , 2012. A radarsat - 2 quad - polarized time series for monitoring crop and soil conditions in Barrax, Spain [J]. IEEE Transactions on Geoscience and Remote Sensing, 50 (4): 1057 - 1070.

Moreau S, Bosseno R, Gu X F, 2003. Baret F. Assessing the biomass dynamics of Andean bofedal and totora high - protein wetland grasses from NOAA/AVHRR [J]. Remote Sensing of Environment, 85 (4): 516 - 529.

Mountrakis G, Im J, Ogole C, 2011. Support vector machines in remote sensing: A review [J]. ISPRS Journal of Photogrammetry and Remote Sensing, 66 (3): 247 - 259.

Myint S W, Gober P, Braze A, et al. , 2011. Per - pixel vs. object - based classification of urban land cover extraction using high spatial resolution imagery [J]. Remote Sensing of Environment, 115 (5): 1145 - 1161.

Nijland W, Addink E A, De Jong S M, et al. , 2009. Optimizing spatial image support for quantitative mapping of natural vegetation [J]. Remote Sensing of Environment, 113 (4): 771 - 780.

Nishimura S, Komada M, Takebe M, et al. , 2014. Contribution of nitrous oxide emission from soil covered with plastic mulch film in vegetable field [J]. Journal of Agricultural Meteorology, 70 (2): 117 - 125.

Nishimura S, Komada M, Takebe M, et al. , 2012. Nitrous oxide evolved from soil covered with plastic mulch film in horticultural field [J]. Biology and Fertility of Soils, 48 (7): 787 - 795.

Nordberg M L, Evertson J, 2003. Monitoring change in mountainous dry - heath vegetation at a regional scale using multitemporal Landsat TM data [J]. Ambio, 32 (8): 502 - 509.

Novelli A, Aguilar M A, Nemmaoui A, et al. , 2016. Performance evaluation of object based greenhouse detection from Sentinel - 2 MSI and Landsat 8 OLI data: A case study from Almería (Spain) [J]. International journal of applied earth observation and geoinformation, 52: 403 - 411.

Nsn C C L, 1997. Understanding the scale and resolution effect in remote sensing and GIS [M]. Quattrochi: DA and MF Goodchild.

Nunziata F, Buono A, Migliaccio M, et al. , 2016. Dual - polarimetric c - and x - Band SAR data for coastline extraction [J]. IEEE Journal of Selected Topics in Applied Earth Observations and Remote Sensing, 9 (11): 4921 - 4928.

Ogwulumba S I, Ugwuoke K I, 2011. The effect of coloured plastic mulches on the control of root - knot nematode (Meloidogyne javanica Treub) infections on some tomato (Solanum lycopersicum) cultivars [J]. International Journal of Plant Pathology, 2 (1): 26 - 34.

Ok A O, Akar O, Gungor O, 2012a. Evaluation of random forest method for agricultural crop classification [J]. European Journal of Remote Sensing, 45: 421-432.

Ok A O, Akyurek Z, 2012b. A segment - based approach to classify agricultural lands by using multi - temporal optical and microwave data [J]. International Journal of Remote Sensing, 33 (22): 7184 - 7204.

Oliva P, Schroeder W, 2015. Assessment of VIIRS 375m active fire detection product for direct burned area mapping [J]. Remote Sensing of Environment, 160: 144 - 155.

Ou C, Yang J, Du Z, 2019. Long - term mapping of a greenhouse in a typical protected agricultural region using landsat imagery and the google earth engine [J]. Remote Sensing, 12 (1): 55.

Pal M, 2006. Support vector machine - based feature selection for land cover classification: a case study with DAIS hyperspectral data [J]. International Journal of Remote Sensing, 27 (14): 2877 - 2894.

Pal M, Foody G M, 2010. Feature Selection for Classification of hyperspectral data by SVM [J]. IEEE Transactions on Geoscience and Remote Sensing, 48 (5): 2297 - 2307.

Pathak V, Dikshit O, 2010. A new approach for finding an appropriate combination of texture parameters for classification [J]. Geocarto International, 25 (4): 295 - 313.

Paul S, Willmes S, Hoppmann M, et al., 2015. The impact of early - summer snow properties on Antarctic landfast sea - ice x - band backscatter [J]. Annals of Glaciology, 56 (692): 263 - 273.

Peña - Barragán J M, Ngugi M K, Plant R E, et al., 2011. Object - based crop identification using multiple vegetation indices, textural features and crop phenology [J]. Remote Sensing of Environment, 115 (6): 1301 - 1316.

Pesaresi M, Gerhardinger A, 2011. Improved textural built - up presence index for automatic recognition of human settlements in arid regions with scattered vegetation [J]. IEEE Journal of Selected Topics in Applied Earth Observations and Remote Sensing, 4 (1): 16 - 26.

Pesaresi M, Gerhardinger A, Kayitakire F, 2008. A robust built - up area presence index by Anisotropic Rotation - Invariant textural measure [J]. IEEE Journal of Selected Topics in Applied Earth Observations and Remote Sensing, 1 (3): 180 - 192.

Pipaud I, Lehmkuhl F, 2017. Object - based delineation and classification of alluvial fans by application of mean - shift segmentation and support vector machines [J]. Geomorphology, 293: 178 - 200.

Qi Z, Yeh A G, Li X, et al., 2012. A novel algorithm for land use and land cover classification using radarsat - 2 polarimetric SAR data [J]. Remote Sensing of Environment, 118, 21 - 39.

Qin S, Dai H, Zhang J, et al., 2014. Effects of plastic film and ridge - furrow cropping patterns on soil nutrients movement and yield of potato in semiarid areas [J]. Agricultural Research in the Arid Areas, 32: 38 - 41.

Qin Y, Niu Z, Chen F, et al., 2013. Object - based land cover change detection for cross - sensor images [J]. International Journal of Remote Sensing, 34 (19): 6723 - 6737.

Robson B A, Nuth C, Dahl S O, et al., 2015. Automated classification of debris - covered glaciers combining optical, SAR and topographic data in an object - based environment [J]. Remote Sensing of Environment, 170: 372 - 387.

Rodriguez - Galiano V F, Chica - Olmo M, Abarca - Hernandez F, et al., 2012b. Random forest classification of mediterranean land cover using multi - seasonal imagery and multi - seasonal texture [J]. Remote Sensing of Environment, 121: 93 - 107.

Rodriguez - Galiano V F, Ghimire B, Pardo - Iguzquiza E, et al., 2012a. Incorporating the downscaled

Landsat TM thermal band in land – cover classification using random forest [J]. Photogrammetric Engineering and Remote Sensing, 78 (2): 129 – 137.

Roth K L, Roberts D A, Dennison P E, et al., 2015. The impact of spatial resolution on the classification of plant species and functional types within imaging spectrometer data [J]. Remote Sensing of Environment, 171: 45 – 57.

Roy D P, Wulder M A, Loveland T R, et al., 2014. Landsat – 8: Science and product vision for terrestrial global change research [J]. Remote Sensing of Environment, 145: 154 – 172.

Saeys Y, Inza I, Larranaga P, 2007. A review of feature selection techniques in bioinformatics [J]. Bioinformatics, 23 (19): 2507 – 2517.

Salehi B, Zhang Y, Zhong M, 2012. Object – based classification of urban areas using VHR imagery and height points ancillary data [J]. Remote Sensing, 4: 2256 – 2276.

Schlerf M, Atzberger C, Hill J, 2005. Remote sensing of forest biophysical variables using HyMap imaging spectrometer data [J]. Remote Sensing of Environment, 95 (2): 177 – 194.

Shahtahmassebi A, Yu Z, Wang K, et al., 2012. Monitoring rapid urban expansion using a multi – temporal RGB – impervious surface model [J]. Journal of Zhejiang University – Science A, 13 (2): 146 – 158.

Shao Z, Tian Y, Shen X, 2014. BASI: a new index to extract built – up areas from high – resolution remote sensing images by visual attention model [J]. Remote Sensing Letters, 5 (4): 305 – 314.

Shi L, Huang X, Zhong T, 2019. Mapping plastic greenhouses using spectral metrics derived from GaoFen – 2 satellite data [J]. IEEE Journal of Selected Topics in Applied Earth Observations and Remote Sensing, 13: 49 – 59.

Shoemaker D A, Cropper W P, 2010. Application of remote sensing, an artificial neural network leaf area model, and a process – based simulation model to estimate carbon storage in Florida slash pine plantations [J]. Journal of Forestry Research, 21 (2): 171 – 176.

Steinmetz Z, Wollmann C, Schaefer M, et al., 2016. Plastic mulching in agriculture. Trading short – term agronomic benefits for long – term soil degradation? [J]. Science of the Total Environment, 550: 690 – 705.

Stroppiana D, Azar R, Calo F, et al., 2015. Integration of optical and SAR data for burned area mapping in mediterranean regions [J]. Remote Sensing, 7 (2): 1320 – 1345.

Sugg Z P, Finke T, Goodrich D C, et al., 2014. Mapping impervious surfaces using object – oriented classification in a semiarid urban region [J]. Photogrammetric Engineering and Remote Sensing, 80 (4): 343 – 352.

Sun Z, Guo H, Li X, et al., 2011. Estimating urban impervious surfaces from Landsat – 5 TM imagery using multilayer perceptron neural network and support vector machine [J]. Journal of Applied Remote Sensing, 5 (053501).

Tang Y, Zhang L, Huang X, 2011. Object – oriented change detection based on the Kolmogorov – Smirnov test using high – resolution multispectral imagery [J]. International Journal of Remote Sensing, 32: 5719 – 5740.

Tao L, Wang F, Gu X, 2012. Influence of drip irrigation under plastic film mulching on concentrations of CO_2 and CH_4 in soil [J]. Chinese Journal of Eco – Agriculture, 20: 330 – 336.

Tatsumi K, Yamashiki Y, Canales Torres M A, et al., 2015. Crop classification of upland fields using random forest of time – series Landsat 7 ETM＋data ［J］. Computers and Electronics in Agriculture, 115: 171 – 179.

Tiede D, Lang S, Albrecht F, et al. , 2010. Object – based class modeling for cadastre – constrained delineation of geo – objects ［J］. Photogrammetric engineering and remote sensing, 76 (2): 193 – 202.

Tran T D, Puissant A, Badariotti D, et al. , 2011. Optimizing spatial resolution of imagery for urban form detection—the cases of france and vietnam ［J］. Remote Sensing, 3 (12): 2128 – 2147.

Tuia D, Munoz – Marí J, Kanevski M, et al. , 2011. Structured output SVM for remote sensing image classification ［J］. Journal of Signal Processing Systems, 65 (3): 301 – 310.

Turkar V, R Deo, Y S, et al. , 2012. Classification accuracy of multi – frequency and multi – polarization SAR images for various land covers ［J］. IEEE Journal of Selected Topics in Applied Earth Observations and Remote Sensing, 5 (3): 936 – 941.

Van Beijma S, Comber A, Lamb A, 2014. Random forest classification of salt marsh vegetation habitats using quad – polarimetric airborne SAR, elevation and optical RS data ［J］. Remote Sensing of Environment, 149: 118 – 129.

Varshney A, Rajesh E, 2014. A comparative study of built – up index approaches for automated extraction of built – up regions from remote sensing data ［J］. Journal of the Indian Society of Remote Sensing, 42 (3): 659 – 663.

Vatsavai R R, Bhaduri B, 2011. A hybrid classification scheme for mining multisource geospatial data ［J］. GeoInformatica, 15 (1): 29 – 47.

Verpoorter C, Kutser T, Tranvik L, 2012. Automated mapping of water bodies using Landsat multispectral data ［J］. Limnology and Oceanography – Methods, 10: 1037 – 1050.

Voltersen M, Berger C, Hese S, et al. , 2014. Object – based land cover mapping and comprehensive feature calculation for an automated derivation of urban structure types at block level ［J］. Remote Sensing of Environment, 154: 192 – 201.

Wang L, Zhang J, Liu P, et al. , 2017. Spectral – spatial multi – feature – based deep learning for hyperspectral remote sensing image classification ［J］. Soft Computing, 21 (1): 213 – 221.

Wardlow B D, Egbert S L, Kastens J H, 2007. Analysis of time – series MODIS 250m vegetation index data for crop classification in the US Central Great Plains ［J］. Remote Sensing of Environment, 108 (3): 290 – 310.

Woodcock C E S A, 1987. The factor of scale in remote sensing ［J］. Remote Sensing of Environment, 21: 311 – 332.

Wu C, Deng J, Wang K, 2016. Object – based classification approach for greenhouse mapping using Landsat – 8 imagery ［J］. International Journal of Agricultural and Biological Engineering, 9 (1): 79 – 88.

Wu F, Zhang B, Zhang H, et al. , 2012. Analysis of rice growth using multi – temporal radarsat – 2 Quad – Pol Sar images ［J］. Intelligent Automation & Soft Computing, 18 (8): 997 – 1007.

Xie J, Chai Q, Li L, et al. , 2015. The time loading limitation of continuous cropping maize yield under different plastic film mulching modes in semi – arid region of Loess Plateau of China ［J］. Scientia Agricultura Sinica, 48 (8): 1558 – 1568.

Xie Z K, Wang Y J, Li F M, 2005. Effect of plastic mulching on soil water use and spring wheat yield in and region of northwest China ［J］. Agricultural Water Management, 75 (1): 71 – 83.

Xu H, 2013. Rule – based impervious surface mapping using high spatial resolution imagery ［J］. International Journal of Remote Sensing，34（1）：27 - 44.

Yang F，Matsushita B，Fukushima T，et al.，2012. Temporal mixture analysis for estimating impervious surface area from multi - temporal MODIS NDVI data in Japan [J]. ISPRS Journal of Photogrammetry and Remote Sensing，72：90 - 98.

Yang H，Ming D，2016. Optimal scales - based segmentation of high spatial resolution remote sensing data [J]. Journal of Geo - Information Science，18：632 - 638.

Yang H，C Zhao，G Yang，et al.，2015. Agricultural crop harvest progress monitoring by fully polarimetric synthetic aperture radar imagery [J]. Journal of Applied Remote Sensing，9（1）：096076.

Yang D，Chen J，Zhou Y，et al.，2017. Mapping plastic greenhouse with medium spatial resolution satellite data：Development of a new spectral index [J]. ISPRS Journal of Photogrammetry and Remote Sensing，128：47 - 60.

Yang H，E Chen，Z Li，et al.，2015. Wheat lodging monitoring using polarimetric index from radarsat - 2data [J]. International Journal of Applied Earth Observation and Geoinformation，34：157 - 166.

Yang H，Chen E，Li Z，et al.，2015. Wheat lodging monitoring using polarimetric index from radarsat - 2 data [J]. International Journal of Applied Earth Observation and Geoinformation，34：157 - 166.

You B，2014. Analysis and Application of Target's Scattering Property in Polarimetric SAR Images [D]. Beijing：Tsinghua University.

Yu A，Chai Q，2015. Effects of plastic film mulching and irrigation quota on yield of corn in arid oasis irrigation area [J]. Acta Agronomica Sinica，41（5）：778 - 786.

Yu B，Wang L，Niu Z，et al.，2014. An effective morphological index in automatic recognition of built - up area suitable for high spatial resolution images as ALOS and SPOT data [J]. Photogrammetric Engineering and Remote Sensing，80（6）：529 - 536.

Zhang B，Wu D，Zhang L，et al.，2012. Application of hyperspectral remote sensing for environment monitoring in mining areas [J]. Environmental Earth Sciences，65（3）：649 - 658.

Zhang H，Liu Q，Yu X，et al.，2012. Effects of plastic mulch duration on nitrogen mineralization and leaching in peanut（Arachis hypogaea）cultivated land in the Yimeng Mountainous Area，China [J]. Agriculture Ecosystems & Environment，158：164 - 171.

Zhang J，Li P，Wang J，2014. Urban built - up area extraction from Landsat TM/ETM plus images using spectral information and multivariate texture [J]. Remote Sensing，6（8）：7339 - 7359.

Zhang L，Jin S，Zhang G，et al.，2012. Effect of double ridges mulched with plastic film on soil erosion and crop yield of sloping field in the central part of Gansu [J]. Agricultural Research in the Arid Areas，30（1）：113 - 118.

Zhang X，Pan D，Chen J，et al.，2013. Using long time series of Landsat data to monitor impervious surface dynamics：a case study in the Zhoushan Islands [J]. Journal of Applied Remote Sensing，7（073515）.

Zhang X，Xiao P，Feng X，et al.，2013. Impervious surface extraction from high - resolution satellite image using pixel - and object - based hybrid analysis [J]. International Journal of Remote Sensing，34（12）：4449 - 4465.

Zhang Y，Wu L，Neggaz N，et al.，2009. Remote - sensing image classification based on an improved probabilistic neural network [J]. Sensors，9（9）：7516 - 7539.

Zhang Y，Zhang H，Lin H，2014. Improving the impervious surface estimation with combined use of optical and SAR remote sensing images [J]. Remote Sensing of Environment, 141: 155 – 167.

Zhang G, Perrie W, Li X, et al., 2017. A hurricane morphology and sea surface wind vector estimation model based on c – band cross – polarization SAR imagery [J]. IEEE Transactions on Geoscience and Remote Sensing, 55: 1743 – 1751.

Zhao C, He W, Liu S, et al., 2011. Degradation of biodegradable plastic mulching film and its effect on the yield of cotton in China's Xinjiang region [J]. Journal of Agro – Environment Science, 30 (8): 1616 – 1621.

Zhao H, Wang R, Ma B, et al., 2014a. Ridge – furrow with full plastic film mulching improves water use efficiency and tuber yields of potato in a semiarid rainfed ecosystem [J]. Field Crops Research, 161: 137 – 148.

Zhao X, Liu L, Qian J, 2014b. Classification of arctic sea ice with TerraSAR – X polarimetric data [J]. Remote Sensing for Land & Resources, 26: 130 – 134.

Zheng L, Jiang C, Sun L, et al., 2011. Effects of plastic film mulching on the environmental factors and nitrous oxide emissions in purple soil of vegetable fields [J]. Chinese Agricultural Science Bulletin, 27: 82 – 87.

Zheng X, Yu Z, Ao W, et al., 2014. Rural impervious surfaces extraction from Landsat 8 imagery and rural impervious surface index [M]. Bellingham: Proceedings of SPIE.

Zhou X, Li S, Tang F, et al., 2017. Deep learning with grouped features for spatial spectral classification of hyperspectral images [J]. IEEE Geoscience and Remote Sensing Letters, 14 (1): 97 – 101.

Zhou Y, Yang G, Wang S, et al., 2014. A new index for mapping built – up and bare land areas from Landsat – 8 OLI data [J]. Remote Sensing Letters, 5 (10): 862 – 871.

Zhu Q C, Wei C Z, Li M N, et al., 2013. Nutrient availability in the rhizosphere of rice grown with plastic film mulch and drip irrigation [J]. Journal of Soil Science and Plant Nutrition, 13 (4): 943 – 953.

图书在版编目（CIP）数据

覆膜种植农田空间分布遥感制图 / 哈斯图亚，陈仲新著. —北京：中国农业出版社，2023.12
ISBN 978-7-109-31556-3

Ⅰ.①覆… Ⅱ.①哈… ②陈… Ⅲ.①地膜栽培—农田—分布—环境遥感—制图 Ⅳ.①S316

中国国家版本馆 CIP 数据核字（2023）第 227921 号

覆膜种植农田空间分布遥感制图
FUMO ZHONGZHI NONGTIAN KONGJIAN FENBU YAOGAN ZHITU

中国农业出版社出版

地址：北京市朝阳区麦子店街 18 号楼
邮编：100125
责任编辑：陈　珺
版式设计：杨　婧　责任校对：吴丽婷
印刷：中农印务有限公司
版次：2023 年 12 月第 1 版
印次：2023 年 12 月北京第 1 次印刷
发行：新华书店北京发行所
开本：787mm×1092mm　1/16
印张：11.75
字数：265 千字
定价：88.00 元